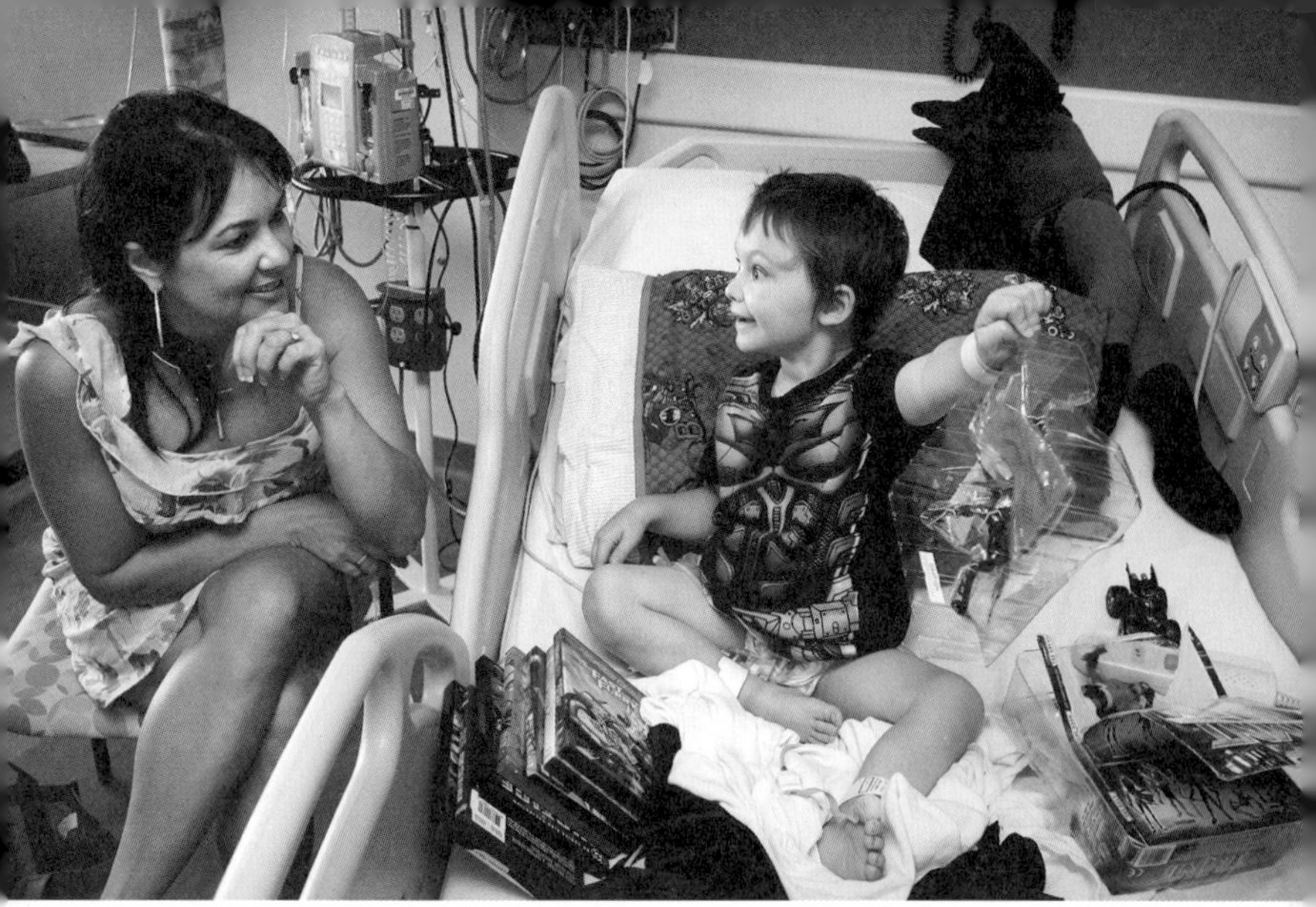

ニック・ヴォルカーと母アミリン

マーク・ジョンソン
キャスリーン・ギャラガー
梶山あゆみ=訳
井元清哉=解説

One in
a Billion
The Story of Nic Volker
and the Dawn of
Genomic Medicine
Mark Johnson &
Kathleen Gallagher

10億分の1を乗りこえた少年と科学者たち

世界初のパーソナルゲノム医療はこうして実現した

紀伊國屋書店

Mark Johnson and Kathleen Gallagher

One in a Billion

The Story of Nic Volker and the Dawn of Genomic Medicine

Published by arrangement with the original publisher,
Simon & Schuster, Inc. through Japan UNI Agency, Inc., Tokyo

マークの家族、
メアリー＝エリザベス・ショーと
エヴァン・ジョンソン、
ならびにキャスリーンの家族、
ボブとアンドリュー、
そしてエミリー・ニコルへ。
本書を完成させるのに要した年月のあいだ、
一貫して愛と信頼を傾けてくれたことに感謝して

目次

＊本文中の所属・肩書は当時のものである。また、〔　〕は訳者による注を示す。

10億分の1を乗りこえた少年と科学者たち

――世界初のパーソナルゲノム医療はこうして実現した

1　越えられない一線——二〇〇九年六月

病気の息子を助けようと、母親が死に物狂いで闘う。医師はその子の命をつなごうと、医療の限界に挑む。科学者は治療法を求めて、おぼつかない足取りながらも新たな時代へと一歩を踏みだす。彼らをそこまで駆りたてるものは何か。結局のところそれは、最も根源的なかたちの愛情なのかもしれない。誰かをいたわろうとするその不思議な力は、理屈を超えて体の底から湧きあがってくるものであり、もとをたどれば、私たちの本質を形づくる小さな小さな物質に行きつくように思える。細胞の奥深くに眠る、曲がりくねった長く白い化学物質の糸。遺伝情報の文字が刻まれた、自分だけの符号。ＤＮＡ（デオキシリボ核酸）だ。[1]

およそ一五〇年前、オーストリアの修道士グレゴール・メンデルは、エンドウを使ってかの有名な実験を行なった。そして、世代から世代へと物理的な特性が受けつがれる仕組みを示した。私たちのなかには、背の低い者もいれば高い者もいる。茶色の瞳も青い瞳もあり、毛は濃かったり薄かったりする。それがどうしてなのか、私たちはメンデルの研究を通して初めて手がかりをつかんだ。それから何十年もたって、鍵を握るものが遺伝子であることが突きとめられる。独特の特徴をもったいくつものDNA片に、私たちが短い生に携えてきたものが語られていたのだ。そこには、この先どんなリスクが待ちうけているかや、やめられない妙な癖、あるいはいずれ苦しむことになるかもしれない病気が記されている。

私たちはどの程度まで遺伝子の影響を受けているのか。また、環境やしつけは遺伝子とどう作用しあって、ひとりの人間をつくりあげているのか。そうした問いにはまだ答えが出ていない。科学はゲノム〔その生物がもつ遺伝情報のすべて〕の探索を始めたばかりだ。それでも、遺伝子の背後にあるこの重要な謎へと、年を追うごとに迫りつつある。

ジェームズ・ワトソンとフランシス・クリックが生命の神秘を解きあかす研究に乗りだしたとき、将来そうした壮大な探求がなされようとは予想だにしていなかった。ふたりにとっての「謎」は、単にDNAがどんな構造になっているかにすぎなかったのである。生物の様々な特徴を蓄えている細胞内の化学物質が、どんな形態をとっているかがすべて。だから一九五三年にふたりが二重らせん構造を発見したとき、それが謎に対する答えだった。いずれ遺伝暗号が解読されるかもしれないなどとは、思ったこともなかった。

「そこまで先のことは念頭になかった」と、ワトソンは二〇一一年の秋にふり返っている。「DNAの塩基配列がわかったら素晴らしいなどということが、どちらかの頭をよぎったこともありません。私たちは化学者ではありませんでした。そんな日がいつ頃くるというような予感も、まったくなかったのです」

それでも、ふたりが築いた礎（いしずえ）の上に様々な研究が続いた。一九七七年には英米の科学者たちが、遺伝暗号を読む技術を初めて考案した。二〇世紀末から二一世紀初頭にかけては、大勢の研究者が複雑な装置を何百台も駆使して、私たちのＤＮＡの全塩基配列、すなわちヒトゲノムの解読に成功した。人類は自分たちのゲノムが把握できるようになったことで、メンデルもワトソンもクリックもほとんど想像だにしなかった世界へと足を踏みいれた。そして、運命とは何か、偶然とは何かという深遠な問いと向きあわざるを得なくなっている。その間（かん）もコンピュータの処理速度と能力は着々と向上し、解析に要するコストは急速に下がってきている。このままいけば、未来の世代は間違いなく出生時にＤＮＡ解析を受けるようになるだろう。

　こうした変化には倫理問題や恐怖がつきものであり、それについては何十年も議論が重ねられてきた。しかし今やそれらが仮定の域を出て、現実のものとなりつつある。変革の最前線に立つのが、新しいかたちの医療だ。この医療は、人間の複雑さを理解することを目指している。遺伝暗号に含まれる何千という個体差をふるいにかけ、生命を脅かすエラーや欠陥だけを見つけだし、その情報をもとに患者を治療しようというのだ。[2]

　この新しい「ゲノム医療」の先駆けとなったのは、医師と科学者からなる優秀なチームと、とある家族。その家族には、重い病を抱えたひとりの子供がいた。二〇〇九年の夏にアメリカのウィスコンシン州で彼らの人生は交わり、その後の物語はすでに世界中で何度も語られている。そこから見えてくるのは、少なくともある程度は、遺伝子に綴られた文字によって私たちの生が形づくられていくということだ。

では、その文字は具体的にどこにあるのだろうか。

こんな光景を思いうかべてみてほしい。現代のものより高性能な超小型カメラが、皮膚を通りぬけて血管の中に入る。カメラは、人体で重要な役割を果たす白血球に潜りこみ、その黒々とした核へとたどり着く。そこには、ほかの細胞核と同様に二三対の染色体がしまわれ、その内部には私たちの本質ともいうべきＤＮＡが収められている。私たちが何者であるかはＤＮＡによってつくられ、がんや心臓病など、人生を左右しかねない様々な病気にかかるリスクもそれで決まる。

そうしたリスクを知ると、この世で過ごす時間に限りがあることを改めて思いしらされる。だから私たちは色々な選択をし、それが人生を方向づけていく。いよいよシスティナ礼拝堂を見ておこうか。それともギザの大ピラミッドを訪ねるべき？　そろそろ別の仕事に移ったほうがいいんじゃないか？　ハンバーガーをやめてもっと運動をして、コレステロール値を下げる薬を飲めば、長生きできる見込みが高まるのでは？

遺伝子にどんなリスクが刻まれているかは、つい最近になるまで私たちには手の届かない情報だった。それが今や、一般消費者向けの遺伝子検査会社を利用すれば、自分の遺伝子に記された文字を垣間見ることができる。私たちが足を踏みいれつつある時代には、遺伝子が神のお告げさながらの大きな力をもつようになるのかもしれない。

先ほどの超小型カメラは一本の染色体に入りこんだ。それぞれの染色体は数百～数千個の遺伝子で構成されている。そのひとつひとつが遺伝の基本単位であり、瞳の色や髪の色、あるいは男性の毛の濃さ薄さなどの情報を携えている。カメラは一個の遺伝子にたどり着き、撚（よ）りあわされた二本のＤＮＡ鎖（さ）に沿って動いていく。これがいわゆる二重らせんだ。染色体全体が、ねじれた二本の巻尺のような構造になっている。この二重らせんが「はしご」だとすると、その「はしご」には全部で約三二億の「段」がある。

各「段」に相当するのが対になった塩基（塩基対）だ。塩基には、アデニン、グアニン、シトシン、チミンの四種類しかなく、普通はそれぞれの頭文字Ａ、Ｇ、Ｃ、Ｔで表わされる。

カメラは停止し、とある「段」に近づいて、そこにある二文字のうちのひとつに焦点を合わせる。これが、遺伝子をつくる最も小さな構成要素だ。白血球の核の中にある、約三二億か所のうちの一点。あまりに小さいため、高性能の電子顕微鏡で七〇〇万倍に拡大しないと見えない。

なんの変哲もない白血球……だと思うかもしれないが、そうではない。

今クローズアップした一文字を抱えもっているのは、四歳の少年の体である。少年はバットマンに憧れ、水鉄砲で遊んだり病院のベッドで跳ねたりするのが大好きだ。大好物はステーキだが、口に入れられることはめったにない。少年の食事はたいてい液体であり、静脈カテーテルを通して血管に注入される。医師たちは少年の命を救うため、なりふり構わず様々な手段を講じてきた。この子が普通にものを食べると、決まって鉛筆の先で突いたような小さな穴が腸壁にあく。これは、命にかかわりかねない状態だ。

なぜそんな恐ろしいことが起きるのか、誰にも見当がつかない。医師たちはこの謎を解こうと二年あまり前から必死にもがいているものの、なんの光も見いだせずにいる。答えも知らぬまま闇雲に走っても、次々と現われる症状に対処するのが精一杯だ。説明のできない病気と、どうやって闘えばいい？

二重らせんをつぶさに写すカメラもない。

そのらせんにどんな秘密が隠されているのか、知る由もないのだ。

＊

こ、こ、こ、こんなひどい病気が、あ、あ、ある？　アミリン・サンティアゴ・ヴォルカーは心のなかでつぶやく。

ここは手術室の外にある待合室。隣には息子が座っている。ほかにも何家族かが待っているが、みんな不安そうな目をしている。きっとこんな場には慣れていないのに違いない。この人たちからすれば、これは特殊な状況。未知の恐ろしい経験だ。でも四歳になるニック・ヴォルカーと母のアミリンにとって、ウィスコンシン小児病院の手術室はおなじみの場所である。二〇〇九年の時点では、手術室に向かうことがほとんど日課のようになっていた。どれだけここに来なければならなかったか、普通の人には想像もつかないだろう。

ニックにとって今日という日は少しも特別ではなく、百何回目かの手術室行きにすぎない。中に入れば、何度やってもきりのない処置が待っている。これが始まったのは二年以上前のこと。母がニックのお尻に奇妙なおできのようなものを見つけたのが発端だった。以来、少年の腸には、食事をするたびに瘻孔(ろうこう)と呼ばれる小さな穴があく。静脈経由で栄養をとらざるを得ないのはそのためだ。穴はトンネルのように腹部の表面にまで通じ、そこから便が漏れだしてくる。これでは感染症の危険とつねに背中合わせだ。医師にはこの病気の正体がまるでわからず、新しい穴ができるのを止めることもできない。なんとかして感染症を防ぐのがやっとだ。だからアミリンは毎日のように、こうしてニックと一緒に待つ。時間がくれば麻酔医が息子を眠らせ、担当の女性外科医マージョリー・アルカが傷口をきれいにするだろう。これまで何十回と処置してきた同じ傷口を。

ニックは小柄で、明るい空色の瞳と幼児特有の甲高い声をもつ。普通の子供が保育園や幼稚園で一日の始まりを待つように、ニックは手術室での一日を自分のやり方でスタートさせるのを待っていた。この六月の朝、ハロウィーンの衣装で待合室に現われた子供はニックひとりである。

青い瞳が覗くのはバットマンのマスク。年齢のわりにひどく小さい体はバットマンのマントにくるまれている。両手を覆うのは、あの「ズババーン！」と音を立てるバットマンの手袋だ。ニックはまるで自分の家の裏庭のように病院中を歩きまわる。合計二五〇日を超えることになる長期入院のさなかにあって、もはや病院は自宅も同然だった。

母親のアミリンは黒髪で四〇代前半。人目を引くフィリピン系の女性である。アミリンのふるまいは病院のどの親とも異なっていた。もちろん、ほかの親のように今朝は涙を流した。だがすでに顔を洗って化粧を直し、心配そうな顔をニックに見せないようにしている。息子を何度手術室に連れてきても、まもなく施される麻酔への不安が消えることはない。でもほかの親とは違って、それを隠すすべを身につけていた。やはりほかの親とは違って、病院の受付やソーシャルワーカーや、看護師の名前を知っている。それぞれに恋人や夫があるのか、子供はいるのか、ジョギングしたりジムでトレーニングしたりしているのかまで把握していた。

アミリンの辞書に「受け身」という言葉はない。その段階からはもう卒業した。今ではニックのケアのあらゆる面に目を光らせ、誰が息子担当のチームに加わるべきかも自分で決めている。それは看護師ばかりでなく、医師についてもだ。病気の正体や有望な治療につながる手がかりを求めて、医学レポートやインターネットも探す。医者の家系に育ち、息子の病気を通じて十分に学んでもきたので、気づいたことがあればたとえ直感にすぎなくても憶さず医師たちに話した。担当医らの決定に不服があれば、はっきりそれを口に出す。自分を軽んじるような態度は、誰であれ絶対に許さない。この母がいったいどこまでやるつもりなのか、医師たちにも見当がつかなかった。必要があれば、ふるまい方はもとより外見さえも変える。スタッフと議論して、敵をつくるのも厭わない。ニックのためにすべてをなげうち、一〇〇パーセントの愛情を傾ける。医師たちが過去に出会ったどんな親よりも、アミリンは手強い相手だった。

この母がほとんど病院で生活していることを一部のスタッフは知っている。夜にニックの横で添い寝しているのを見た者もいた。本当はいけないことなのだが、アミリンは息子のそばにいたかったし、病院ではそれができる場所が限られている。看護師たちにしても、もうすぐいなくなるかもしれない息子と一緒に眠ってはいけないなどと、母親に告げるつもりは毛頭ない。アミリンはどんなに夜遅くまで息子につき添っても、朝早く起き、髪形を整え、ビジネスウーマンのようなパリッとしたスーツに身を包む。これには看護師たちも舌を巻くしかない。病院がニックの自宅も同然であるように、息子の健康を守ることがアミリンの二四時間体制の仕事と化していた。それに比べたら、人生のどんなことも取るに足らないように思える。

しかし、待合室の親たちにも、医師や看護師たちにも見えないところで、この母は苦しんでいた。手術室行きの回数が度重なるにつれ、その苦しみは増すばかりである。期待が肩透かしに終わるたびに、原因究明に失敗するたびに、そして新しい穴が発見されるたびに、アミリンはひそかにインターネット上の日記で嘆きを吐きだしていた。

「炎症、炎症、炎症」。この病気の容赦のなさに呆れながら、アミリンは日記にそう書いている。「ちゃんとした食べ物でニックに栄養をとらせようとすると、たとえ粉ミルクでもそのせいで腸に細菌が現われて、炎症が起きる。するとそれが瘻孔の原因となり、おなかに傷口が開いて……。なんという悪循環だろう」

ニックはどうしようもないほどに食べ物を欲しがった。ピザ。ステーキ。ほかの子供ならテディベアを抱いて寝るところ、ニックはスナック菓子の袋を抱えたまま眠りにつくこともある。

アミリンはニックの楽しみを奪う役回りを演じるしかない。普通の食事ができるようになるにはずいぶんかかるかもしれないと伝え、息子が泣きさけんで苛立ちをぶちまけるのにじっと耳を傾ける。少年はすでに標準体重を大きく下回っていた。

食べれば病気はニックを苦しめ、食べないことでも苦しめる。

息子の病気への恨みつらみを並べたてていないとき、熱心なクリスチャンのアミリンは、信仰心を奮いたたせる言葉で日記を埋める。「神はつねに善き存在だ」。だが、ときにそこには、自分にいい聞かせているかのような響きがあった。アミリンはよく、担当外科医のアルカやニックと一緒に祈る。腹部の刺すような痛みが耐えがたくなると、ニックは自分のために祈ってほしいと母に頼むのだった。

手術室行きが日課のようになると、それにまつわる儀式ともいうべき一連の手順が生まれた。手術室で流す音楽はニックが自分で決め、酸素の風味も選ぶ。酸素吸入マスクはかならず自分で口と鼻に当てた。研修医が代わりにやろうとしようものなら、その手を押しのけた。少年の世界で起きることは、ほとんどが他人によってコントロールされている。体に勝手に注射針を突きたてられ、相手の都合で血を抜かれ、ただただ遊びたいときに体温を測られる。自分の思いどおりになることはほんの少ししかないが、その「少し」については、たとえ酸素マスクをもつといった些細なことでも絶対に譲ろうとしなかった。

この一連の「儀式」はまず単純な行動から始まる。アミリンにとってその行動は、過去二年あまりの苦悩と苛立ちが凝縮されたものでもあった。

医師の準備が整って時間になると、アミリンはニックを手術室に連れていく。手術室の入口には床に線が引かれていて、アミリンはそこで止まる。医療用ユニフォームを着ていないかぎりその線を越えることはできず、そこを境にニックを医師らの手に渡さなくてはならない。その線を区切りとして、いつ壊れるかわからない息子の命を現代医学に委ねるしかなくなる。

だがニックのケースでは、その肝心の現代医学も同じような線に達してしまったのではないか。遺伝や遺伝子の謎を解明しようと数世紀にわたって取り組みが続けられてきたのに、医師たちの目の前には越えられない一線が引かれているように思える。

患者の遺伝子疾患が既知のものなら、検査で確かめられることが多い。場合によっては、遺伝子の欠陥を治療したり、欠陥を補う処置をしたりすることも不可能ではない。なのに、医師たちがアミリンに話して聞かせるのは、ニックがなんの病気で*ない*かということばかり。すでに色々な遺伝子について個別に検査をし、免疫系も調べた。ニックの症状は既知の病気に似ているというが、既知の治療法にはまったく反応しない。

あげくに最近になって、ニックの病気は未知のものではないかと医師たちがいいだした。誰も見たことがなく、何百万という医学論文のどこにも記されていないのだと。だとしたら、検査で確かめられるはずもない。原因を突きとめるのはおろか、ニックの体内で何が起きているかすらはっきりしていないことになる。なぜ「ものを食べる」だけで激痛に襲われて、命が危うくなるのか。生きるために誰もがしている、いや、しなければならない基本的な行為だというのに。医師たちは、問題すら理解できないままに解決策を探そうとしている。

ニックと家族が置かれている状況を、医療の世界では「診断を求める終わりなき旅（diagnostic odyssey）」と表現する。こちらの専門家からあちらの専門家へとめぐりあるき、ひとつの仮説から別の仮説へとさまよって、一家はこうしてまたウィスコンシン小児病院に戻ってきた。ここは、ニックが病気になってからほとんどの時間を過ごしてきた場所。医師たちは顔見知りで、スタッフは絶対に匙を投げない。

アミリンは疲れている。でも、まだ望みを使いはたしてはいない。まるで、希望が無尽蔵に湧いてくるかのようだ。手遅れにならないうちに、いつか誰かが病気の謎を解いて息子を助けてくれる。かならずどこかに答えがある。そう信じて疑わなかった。

これは強い確信であって、けっして盲信ではない。アミリンの親族には医者が大勢いる。医学が日進月歩であり、つねに新しいアイデアを検討していることもこの女性は知っている。

当時の科学者のあいだでは、そうしたアイデアのひとつに注目と期待が高まっていた。二〇〇一年にヒトゲノムの概要が初めて公表されて以来、ゲノムの情報を人体の健康のために役立てる研究が続けられている。それこそが次なるフロンティアだ。ゲノム科学を医療の領域にもちこみ、奇妙な病気で途方に暮れている生身の患者を治療するのである。

一個の遺伝子がたった一か所変異しただけで、起きる病気は何千とある。そしてヒトゲノム計画によって初めて、個人がもつ二万一〇〇〇個ほどの遺伝子すべてについて塩基配列を特定する道が開けた。うまくいけば、医療を一変させて大勢の人生を変える力をゲノム解析は秘めている。患者の全ゲノムを読めば、未曽有の規模で遺伝子の変異が洗いだされるだろう。これまでのところ、原因となる遺伝子欠陥が判明している希少疾患の数はおよそ五〇〇〇。このほかに、単一遺伝子の変異による疾患があと二〇〇〇〜三〇〇〇はあるとみられ、原因探しが進められている。複数の遺伝子が絡む複雑な病気に関しても、DNA解析の技術によってその謎の一端が明らかになりはじめている。単一遺伝子の場合と比べて結果的に治療が難しいとしても、これは大きな前進だ。ゲノムを解読する能力を手にしたことで、こうしたすべてが現代医学の射程圏内に入ってきたのである。[3]

多大な苦痛をもたらす原因を、たった一個のツールでピンポイントに指ししめせたらどんなにいいか。稀(まれ)な病気、稀な遺伝子変異は、個々に見るからめずらしいにすぎない。希少疾患(アメリカでは患者数が二〇万人を下回る病気を指し、そのほとんどが遺伝子変異に起因)をすべて合わせれば、その患者数は全米で二五〇〇万〜三〇〇〇万人。全人口のおよそ一〇パーセントに相当する。[4]

そういう人たちと同じように、ニックの未来もゲノム医療の前途にかかっている可能性があった。今も大勢の科学者が、遺伝子に綴られた文字の力を活用すべく研究を進めている。彼らはまだニックの存在を知らない。しかしこの少年こそが、長年求めてきた機会を与えてくれることになるかもしれなかった。つまり、ヒトゲノム計画という巨大プロジェクトを、個別の医療に応用する機会である。

ニックとその家族は、はからずもアメリカの医学界にとってきわめて重要な時期に現われた。この新分野を開拓している科学者はニックのような子供を待ちのぞみ、そこに研究者生命を賭けている者までいる。新しい医療を必要とする新しい病気の出現。それがいつになるかは知りようがないものの、その日がきたときに自分たちの準備が整っていることを医師も科学者もひたすら願っていた。

もちろん、軽はずみにできるものではない。医学が大きく前進するためにはリスクを避けては通れず、結果的に意図せぬ悪影響がもたらされるおそれもある。新しい治療法がひとつ開発されるたび、その陰には失敗した幾多の治療法がある。その失敗が医学の歩みを遅らせ、ひどい場合には患者に害を及ぼす。

だがニックとアミリンは、従来の手法にほとんど希望を感じられずにいた。型にはまった治療をしたところで、ニックの型破りの病気の前にはなすすべもない。科学者にはリスクにみえるものでもアミリンにとっては可能性であり、おぞましい日課から逃れるチャンスに思えた。

手術室の入口に引かれた線の手前で、アミリンは待つ。今のところ何ひとつ理解していない外科医と医学に、もうすぐニックを委ねなくてはならない。母は息子を抱きしめてキスをし、行ってらっしゃいと告げる。

そうして、たったひとりの息子をひき渡すのだった。

2　四文字の向こうにあるもの——一九九三年四月

ニックが病気になる一五年以上前、ヒトゲノムをこじあける試みがスタートした。目的は、曖昧な遺伝子の地図を医療ツールに変えることにある。この取り組みが始まったのは一九九〇年。ゲノムの全文字解読を目指してアメリカ政府が本腰を入れ、数十億ドル規模のプロジェクトを発足させたのだ。

この分野には大勢の研究者が足を踏みいれたが、そのなかに毛色の変わった三人がいた。いずれも生理学者であり、その三人が南カリフォルニアの医学学会でたまたま顔を合わせた。時は一九九三年春。まだヒトゲノム解読が始まってまもない時期ではあったものの、三人はそこに医療の新時代の到来を予感し、自分たちが蚊帳の外になるのはなんとしても避けたいと考えていた。この三人がラ・ホーヤの海岸でかわした会話が、やがて大掛かりで思いきった計画へと発展していく。そして、中西部の小さな医科大学が従来の序列を覆し、他に先駆けてゲノム医療を患者のもとへと届けることになる。

アメリカ高血圧学会第一〇回学術集会の場で、三人の科学者は休憩時間に外へ出た。初めは少しおしゃべりをしようという心積もりにすぎなかったが、すぐにもっと突っこんだ議論へと移っていった。三人はスーツにネクタイという、場違いな姿でビーチを歩いていく。晴れわたった青空の下で太平洋がきらめいているのに、男たちはほとんど目もくれない。もっと大きなことで頭がいっぱいだったからだ。遺伝子のことである。

三人の会話は潮が満ち引きするようにして続いていった。穏やかな会話が熱い議論へ、そしてまた静かな口調へと戻っていく。ヒトゲノム計画という巨大プロジェクトが始動してまだ三年しかたっていないものの、三人は大胆な未来を思いえがいていた。いつの日かコンピュータの性能がさらに向上して、数千の遺伝子を解析できるようになる。そうなれば、遺伝子と体内の具体的な機能を結びつけるのが科学者の仕事になる。人体の様々な働きに遺伝子がどう影響しているかを総合的に理解できれば、医療の方向性は変わるに違いない。医師は、恐ろしい病気が生じる仕組みの究明に時間を割けるようになるだろう。さらにはその進行を食いとめたり、それを予防したりすることもできるかもしれない。

男たちは遺伝学者ではなく生理学者だ。人体を全体的な視点で眺めるよう訓練を受けている。生理学は生物学の一分野であり、臓器や組織や、細胞や分子が、どのように協力しあって生物を生かし、機能させているかを調べる。ようするに畑違いではあるが、この新しいゲノム科学をどう進めていくべきかについては、三人とも同じ理想像を抱いていた。

三人のうちで最年長なのがアレン・カウリー。痩せていて大きな眼鏡をかけ、ほかのふたりとはふた回り近く年が離れている。カウリーは高血圧症の専門家としてその名を知られ、当時はウィスコンシン医科大学で生理学部を率いていた。あとのふたりはハワード・ジェイコブとジョゼ・クリーゲルで、どちらも三〇代前半である。カウリーはしばらく前からこのふたりのことを知っていた。クリーゲルは著名なブラジル人生理学者を父にもち、ウィスコンシン医科大学のカウリーのもとで学んだことがある。一方のジェイコブは、かつてアイオワ大学のマイケル・ブロディに師事して卒業研究を行なっていた。ブロディは薬学の教授で、カウリーの友人だった。ところが、オーストラリアの学会に出席している最中にブロディが心臓発作で急死したため、カウリーが助け船を出してジェイコブの新しい指導者となったのである。

カウリー同様、若いふたりも循環生理学を専門とし、血液が酸素や栄養素など様々な物質を全身に運ぶ仕組みを深く理解していた。ほかの分野の研究者は、物事を小さい単位に分けて考えるのをよしとする傾向にある。だが三人の生理学者は、体内で起きる現象はそれ以上小さくしようがないことを知っていた。立ちあがるという単純な動作をするだけでも、それに伴って血流や血圧、神経の反応や心拍数などが次々と変化していく。どれひとつとっても、重要でないものがない。

こうした意識をもっているせいで、科学が今大きな転換期を迎えつつあることをより強く感じているのだと、三人は考えていた。

遺伝子の文字が解読できるようになるまでには、多大な労力と長い時間が必要だった。まず一九五三年、当時は無名の科学者だったジェームズ・ワトソンとフランシス・クリックがDNAの二重らせん構造を発見し、人間の遺伝の仕組みに対する理解が深まる。一九七七年には、アメリカのウォルター・ギルバートおよびアラン・マクサムと、イギリスのフレデリック・サンガーが、それぞれ別々の方法を考案してDNAの塩基配列が決定できることを示した。具体的にいうと、二重らせんという「はしご」の特定の「段」に、四つの塩基（アデニン［A］、グアニン［G］、シトシン［C］、チミン［T］）のうちどの文字が位置しているかを突きとめるのである。それでも、全ゲノムとなるとあまりに巨大すぎて、読みとるのはとうてい不可能に思えた。なにしろ、全部で約三二億もの「段」があったのだ。すると一九八〇年代の半ばにサンガーの解読法が自動化され、ヒトの全塩基配列を明らかにできる望みが芽生えた。[1]

一九九〇年にアメリカ政府が「ヒトゲノム計画」を立ちあげ、毎年約二億ドルの予算を一五年にわたってつぎこむことが発表されると、DNAという現代の一大難問に取りくもうと大勢の若手研究者が進路の舵（かじ）を切った。[2]

遺伝という現象を体内の化学物質に置きかえて理解できれば、遺伝プロセス自体をコントロールできるようになるかもしれない。寿命の長さや生活の質を劇的に改善することも夢ではなくなる。この新しい分野は可能性に満ちあふれていた。

浜辺を歩く三人の科学者たちは、こうした新時代の課題に挑めるだけの資質を十分にもっている。すでに三人のうちふたりには、この新分野を牽引する研究者のもとで働いた経験があった。
ジェイコブとクリーゲルは中西部で博士号を取得したあと、どちらもマサチューセッツ州ボストンに向かった。そこでポスドク（博士研究員）としてハーバード大学のビクター・ザウに師事する。ザウは心臓専門医で、のちにカウリーが創始する科学誌『ゲノム生理学』で最初の編集責任者となる人物だ（現在は米国科学アカデミーの医学研究所所長）。若きふたりの研究員はザウのもとで、ゲノム科学が形をなしていくのを目の当たりにしながらその用語や手法を学んだ。

ジェイコブはザウの研究室に在籍するかたわら、別の場所でもポスドク研究を始める。こちらの指導者は、マサチューセッツ工科大学（MIT）ホワイトヘッド研究所のエリック・ランダーだ。ランダーは数学者から転じて遺伝学者となった人物であり、アメリカ政府を説得してヒトゲノム計画を始動させた立役者のひとりである。二〇〇一年の『ネイチャー』誌にヒトゲノム全塩基配列の概要版が初めて発表されたとき、その画期的な論文の筆頭著者を務めたのがランダーだった。これは、解読完了に向けての土台となった重要な論文である。[3]

三人が浜辺を歩いた一九九三年は、この概要版発表の八年も前のことだ。しかし、ヒトゲノム計画が二〇世紀後半の生物学界で最も重要な出来事になるのはすでに明らかだった。人類が月に降りたったのと同じくらい、重大な意味をもつといってもいいほどに。

とはいえ、生理学をはじめとする様々な科学分野の大勢（たいせい）はこうした動きに抵抗をみせ、ゲノム解読に多大な資源がつぎこまれていることに異を唱えた。ひとつの分野に予算のすべてが投入されてしまい、自分たちがそのあおりを食うことを恐れたのである。ヒトゲノム計画は「本物の」科学ではないとの批判も上がった。膨大なデータを探して答えを見つけようとするのは、「仮説を立てて検証する」という数百年来の科学のやり方を覆すものだと。

だがカウリーと若き教え子たちの見方は違う。この取り組みによって人間の青写真を描ければ、この先何年にもわたって科学界が活気づき、数々の発見がなされるはずだと信じていたのである。

この日、美しく晴れわたったラ・ホーヤの海岸では、こうしたすべてが難なく実現するかに思えた。抜けだした三人が話を続けているあいだに、学会は幕を閉じた。カウリーがくり返し語ったのは、分子生物学と生理学はひとつにならねばならないということである。また、解読されたデータから有用な情報を取りだす際には、生理学がかならず一役買えるとも説いた。しだいに三人のあいだでいくつかのアイデアが生まれ、計画が形をとっていく。当時、ジェイコブはラット（ドブネズミを品種改良した実験動物）を使った研究を進めていて、それを足がかりにすれば動物の病気の原因遺伝子を突きとめることができる。あとはそれを人間にも応用すればいい。

自分たちは新しい科学の扉を開こうとしている。そう思うと、カウリーは若いときのように全身にエネルギーがみなぎるのを感じた。こんなふうに未来を描き、のちに「パーソナルゲノム医療」と呼ばれるものに向けて準備しようとしているのは、生理学者のなかで自分たちだけだとカウリーは確信していた。この分野を代表する科学者たちでさえ、自分たちの域には達していない。かのザウは今起きていることの意味を理解しているものの、動物実験をしている生理学者グループと直接的なつき合いがない。それに、新しくスタンフォード大学の循環器科のトップに任命されて、ほかのことに目を向けている余裕がなかった。ランダーはランダーで、ヒトゲノム計画の仕事がますます忙しくなっている。

当面、生理学とゲノム科学は別々の道を歩むだろう。そもそも生理学者は、血圧や脈拍、あるいは心拍数といった伝統的な尺度で判断するのに慣れていて、ゲノム科学の新しい手法を学んでいない。ＤＮＡ解析の専門家のほうも、塩基配列を決定する複雑な作業に集中するあまり、その配列と体の機能を結びつけることにまで頭が回っていない。

つまり、未来を見据えるカウリーとふたりの若者の前には、大きなチャンスが広がっているわけだ[4]。

二重らせん上の塩基対の並び方を特定するのに、ヒトゲノム計画では最終的に八〇〇台もの解析装置が使われることになる[5]。しかし、この情報を実際の役に立てるためには、それを莫大な数の生理プロセスと結びつけなくてはならない。たとえば、血管を収縮・弛緩させるために腎臓が体内の塩分と水分のバランスを調節していることも、そうしたプロセスのひとつだ。

カウリーは生理学者としてこうした機能を熟知していた。父親は著名な心臓専門医で、ペンシルベニア州の大きな病院の医長を務めたこともある。カウリーは幼い時分から父の背中を追い、ペンシルベニアの実家の地下室で心臓を解剖したりしていた（父はウシの心臓だと説明したが、カウリー少年は出どころを怪しんでいた）。

成長したカウリーは、ミシシッピ大学のアーサー・ガイトン教授のもとで特別研究員として二年間を過ごした。その過程で、生理学が重要だとの思いを深めていく。人体の複雑な仕組みを理解するうえで、生理学は有効なツールとなるからだ。[6] 当時の科学界は、マクロからミクロへと軸足を移しつつあった。それでもガイトンの研究室は、循環器系全体の働きに関する新しいモデルをつくる研究を進めていた。

一九六〇年代末から七〇年代の初めにかけて、カウリーはガイトンの研究室で古いアナログコンピュータに向かい、ポテンショメータと呼ばれる機器のつまみを回しながら何時間も作業をした。このコンピュータは、近くの軍放出品の販売店でガイトンが購入したものである。それを使って、循環器系をモデル化するための方程式の精度を高めた。ガイトンの循環器系モデルは一九七二年に発表され、循環器系がどう調節されているかを他に先駆けて数学的に記述したものとして注目を集める。論文自体にカウリーの名は記されていないものの、その作業はモデルの完成になくてはならないものだった。このモデルでは、血管の接続や酸素の運搬といった循環器系の様々な側面を、まるで電気回路のような図で示している。ガイトンのモデルはこの分野に一大変革をもたらした。心臓にしろほかの臓器にしろ、その仕組みをこのようなかたちでとらえた者はそれまでひとりもいなかったからである。

カウリーはガイトンのもとに一二年間とどまり、その間にたちまち教授の地位へと駆けあがった。ミシシッピ大学を離れたのは、一年間のサバティカル（大学教員などに研究のために一定期間与えられる長期有給休暇）でハーバードに赴いたときだけである。ハーバードでカウリーは、いくつかの学問領域が伝統の足かせによって自由な呼吸を奪われているのに気づく。生理学部についても、全体としての能力がさほど高くないことに失望した。それでもカウリーはせっかくの滞在期間を無駄にしないようにと、生理学部以外の研究者と親しくなったり（ザウもそのひとり）、人脈を築いたりした。のちに自分のもとに研究者を勧誘する際に、その人脈が生きてくることになる。

その後もカウリーにとって、最も尊敬できる科学者がガイトンであることに変わりはなかった。だが、妻のテリーがミシシッピ州を出たいといいはじめる。かつてテリーは州知事選で、公民権運動家の候補を推す活動にのめりこんだことがあった。しかしその候補者は落選し、地域の公民権運動自体も下火になりつつあった。そのため、新天地に移ることを強く願うようになっていた。カウリーにもまた、今以上に責任あるポジションにつきたいという思いがあった。自ら生理学部を率いる機が熟したと感じていたのである。[7]

最終的にカウリーが選んだのはウィスコンシン医科大学。もっと規模や知名度の大きい研究機関からも声がかかったにもかかわらず、この大学に決めたのには理由があった。ウィスコンシン医科大学は創立後しばらくして別の大学と合併していたが、その大学が長年の財政難により医科大学への資金提供を一九六七年にうち切っていた。こうしてウィスコンシン医科大学は新たに独立の研究機関となり、様々な資金調達活動でも成果を収め、当時は規模を拡大しはじめていた。少し前には、ミルウォーキー〔南東部にあるウィスコンシン州最大の都市〕郊外の病院の多い一画に新しい施設を建設してもいる。[8]

とはいえ、カウリーが赴任した一九八〇年当時、連邦政府の助成金で高度な研究を行なっている研究者は生理学部でふたりのみ。しかも学部長不在の状況が二年も続いている。カウリーの目にはそこがまるで空き家に映り、他に例のない研究事業を始めるにはうってつけであるように思えた。自分なら、極小に向かいつつある科学界の趨勢と自分独自のマクロな視点を融合させることができる。ミクロの世界を、体内で機能するシステム全体と結びつけるのだ。カウリーはそう考えた。それから、分子生物学を学んだ若い研究者の勧誘に乗りだす。のちには、バイオエンジニアリング、コンピュータモデリング、ゲノム科学といった分野からも研究者を招き、生理学者と一緒に難題に挑む体制を築いていく。

学長が用意した予算はけっして多くなかったが、カウリーには十分だった。それに学長は、カウリーのやりたいことが間違っていないと背中を押してくれた。

のちにカウリーはこうふり返っている。「学問の世界では名前を非常に重視します。でもすでに私は、そんな薄っぺらな基準で本当の優秀さは測れないと考えるようになっていました。一〇年以上もミシシッピにいましたからね。『アメリカ一の不快きわまる土地』なんていわれる州ですよ。ガイトン博士がそんな場所で世界随一の生理学者になれたのなら、ミルウォーキーなどたいしたハンディキャップであるはずがないでしょう」

一九九三年に三人でビーチを歩いたとき、カウリーはすでにウィスコンシン医科大学で十数年を過ごし、学部にも大学にも影響力をもつ人物となっていた。新たな人事選考委員会が発足すれば、それが教員レベルであれ、学長レベルであれ、総長レベルであれ、ほぼかならず委員に名を連ねるようにしていた。ほかの大学の生理学部が活気を失うのを尻目に、カウリーの学部は成長を続けた。[9]

ゲノム科学という分野が誕生すると、それが生理学を大きく変貌させる力になるとカウリーは予見する。だがその変革を起こすには、自分を助けてくれる右腕が必要だった。

アイザック・ニュートンをはじめとしてたびたび使われてきた言葉に、優れた研究者は「巨人の肩の上に立っている」というものがある。つまり、過去の偉大な科学者の積みかさねの上に現在の自分があるということだ。カウリーは自らがアーサー・ガイトンの肩の上に、またそれ以前の先人たちの肩の上にいることを自覚していた。そして今、人体の複雑なシステムに関するガイトンの研究をさらに発展させるために、自分の後継者となる人物を求めていた。知の連鎖をつないでいく、次の科学者を。

まだ当人には知るよしもないが、カウリーが白羽の矢を立てたのはハワード・ジェイコブだった。

3　大きな決断——一九九三〜九六年

　これが一九八〇年代の後半であれば、アレン・カウリーはハワード・ジェイコブを雇おうなどと思わなかっただろう。その頃のジェイコブは博士論文に取りくんでいる最中で、テーマは脳がどのように血圧を調節しているか。率直にいって、カウリーはそんな古臭い題材にはすでに興味を失っていた。だが、ここ五年のあいだにジェイコブは科学者として成長を遂げている。今やゲノム科学の最先端で仕事をし、精鋭研究者のひとりとして先陣をきってこの新興分野を引っぱっていた。この男なら、ゲノム科学全体の状況も手法も理解している。

　ジェイコブは茶色の髪が斜めに額にかかり、温和な笑みを浮かべる若者だ。しかしその穏やかな表情とは裏腹に、大事な特性をひとつもっていた。リスクを恐れないことである。この男は科学者として、誰も歩んだことのない道を行きたいと考えていた。

　ジェイコブが科学に関心を抱いたのは五歳の頃。海軍の技師だった父親が、北太平洋のミッドウェー島に赴任していたときのことである。ハワード少年は釣りが大好きで、水中で魚が餌をつつく様子を飽きずに眺めた。そして幼いながらも、いつか海洋生物学者になりたいと心に決める。

時とともにその夢は移りかわっていったものの、科学への愛が冷めることはなかった。少年は『ナショナルジオグラフィック』誌を隅から隅まで読んだ。また、両親を説得して「夕食中はテレビなし」という規則を曲げさせ、海洋学者ジャック・クストーのドキュメンタリー番組に見入った。クストーがタンクを背に水の中で息をしながら、見たこともない生き物を次々と紹介していくさまに、少年はすっかり心を奪われた。

小学六年生のとき、学校で科学祭が開かれる。クラスの担任が高校の物理学教師を見つけてきてくれ、その力も借りてジェイコブは波のふるまいに関する研究を発表した。するとその発表内容が州のコンテストの学校代表に選ばれた。高校を終えるとアイオワ州立大学に進み、生物学の学位を取得する。在学中の夏休みには、実家近くにある製薬会社の研究所でアルバイトをした。ある年の夏には研究所のラットに薬品を投与して、関節炎の有無を検査した。翌年の夏も同じ研究所で、今度は循環器関連の薬品を開発する研究室で働いた。

こうした経験からジェイコブは薬学に興味をもつようになり、アイオワ大学に移って薬学の博士課程に進む。博士号を取得する頃には、人間とラットの体の仕組みについて十分な基礎知識を得ていた。かつてドブネズミは伝染病を運ぶとして忌み嫌われていたが、今や実験医学や薬品開発の分野に欠かせないツールのひとつとなっている。しかも、人間の疾患の原因を究明する研究でも使用される頻度が高まっていた。ラットを使うととくにメリットがあるのが、循環器系の研究である。そして、それこそがジェイコブのやりたいことだった。

こうして培った知識をゲノム科学と結びつけられるようになったのには、やはりMITホワイトヘッド研究所のエリック・ランダーの指導によるところが大きい。ジェイコブがポスドクとして一九八九年にランダーの研究室に入ったとき、実験のほとんどがマウス（ハツカネズミを品種改良した実験動物）を用いていた。それは、ポスドクとして籍を置くもうひとつの（ビクター・ザウの）研究室でも同じである。しかし、ジェイコブはすぐにランダーを説きふせて、ラットを扱う比重を増やさせた。ランダーのもとで研究する四年のあいだに、ジェイコブは遺伝子を調べる方法を教わる。もっと重要なのは、どうやって大きなことを考えるかを学んだ点だ。[1]

ランダーはかつて数学者だったことから、DNAを数字の観点から眺めた。ゲノムは約三〇億文字のテキストファイルであり、これは一ギガバイト弱の情報量である。テキストファイルの「単語」に相当するのが、コドンと呼ばれる三文字ひと組の塩基だ。塩基は全部で四種類あるので、コドンには四の三乗、つまり合計六四とおりの組みあわせが可能である。このコドンによって、二〇種類あるアミノ酸のうちどれがつくられるかが決まり、アミノ酸が鎖状につながることでタンパク質になる。食物を消化する、血液を凝固させる、筋肉を収縮させるといった、体内の様々な機能を猛然と実行しているのがこのタンパク質だ。小さなDNA片からタンパク質が生まれるまでのプロセスには、数字やパターンが満ちあふれている。まさに数学者向きの素材といえるだろう。

DNAに綴られた長い文字列の意味を理解するには、大量のデータを丹念に調べる必要がある。そのことをランダーは十分に心得ていた。そうなれば生物学はコンピュータ科学へと姿を変え、情報を読むのにアルゴリズムや色々な数式が頼りになる。[2]

ジェイコブはランダーの研究室に来たとき、自分はラットの遺伝子を調べて高血圧の仕組みを突きとめたいと説明した。これが達成できれば、人間の高血圧症を理解するうえで大きな一歩となる。当時はまだラットのゲノムに目を向けた研究がほとんどなかったことを思うと、この目標は荒唐無稽といっていいほど大胆なものだ。無謀だと批判されてもおかしくはない。ところが、ランダーの投げかけた問いにジェイコブは意表を突かれる。

「君はラットの染色体が何本あるか、知っているの？」

「いいえ」

「高血圧の仕組みを遺伝子レベルで解明したいなら、知っておいて損はないんじゃない？」

ランダーはジェイコブの夢を摘むのではなく、その道に挑むことを促した。そしてジェイコブもこの課題を真剣に受けとめた。ランダーの研究室では、誰もが成果を上げようと奮闘している。「愉快な変わり者の集まり」――ジェイコブはこの研究室をそうとらえるようになっていた。

もっとも、変わり者というなら、ジェイコブこそがその最たるものだったかもしれない。分子生物学者や遺伝学者がひしめく東海岸の研究室に、ふらりとやって来た中西部のラット生理学者。確かに経歴や実績では見劣りする面があったかもしれない。だが、猛烈に働くことにかけては誰にも負けなかった。

ジェイコブは週のうち三日をザウの研究室で過ごし、残り四日をランダーのもとでの研究にあてた。次の週にはそのスケジュールを入れかえる。一日は午前九時頃に始まり、夜の一一時くらいに終わる。帰宅の途中で、妻のリサを車で拾うのが日課だ。リサは昼間の仕事のあと、別の職場で医療技師としても働いていた。

「こんなふうだったから、結婚から九年たっても子供がいなかったんです」。リサはのちにそう打ちあけている。

ランダーの研究室でジェイコブに与えられた仕事のひとつが、遺伝子マーカーと呼ばれるものを探すことだった。遺伝子マーカーとは、特徴的な塩基配列をもったDNA片のことだ。その塩基配列には個体差があって、しかもゲノムの決まった場所に現われる。DNA上の文字の並び方を誰ひとり知らない時代、特定の形質を司る遺伝子の位置をしぼるにはこのマーカーを目印にするしかなかった。

ランダーは一九八〇年代、マーカーを目印にして遺伝子の地図を作成するという新しい手法を考案して注目を集めた。これはMITの遺伝学教授デヴィッド・ボットスタインと共同開発したものである。[3]

この手法の背景にある考え方は、さかのぼればグレゴール・メンデルに行きつく。現代遺伝学の父と称される、一九世紀の修道士だ。一九世紀半ば、メンデルは約八年間でおよそ二万八〇〇〇株のエンドウを交配させ、いくつかの性質がどう引きつがれていくかを観察して、決まったパターンを発見した。メンデルが明らかにした遺伝の基本法則〔一般に優性・分離・独立の三法則〕を用いれば、茎の長さや莢(さや)の色といった特徴が世代から世代へと伝わる仕組みを説明できる。[4] ランダーら研究者はその基本法則をもとに、特定の形質と、それと一緒に遺伝するマーカーがどう次世代に受けつがれるかをたどった。マーカーが染色体上のどこに存在するかはわかっているので、それを目印にすれば、目的の遺伝子のおおよその位置を割りだすことができる。

ランダーと五人の共同研究者は一九八九年、その手法を用いて史上初めて全ゲノムの遺伝子地図を作成し、複数の形質をコントロールする遺伝子領域がどこにあるかを示した。研究対象としたのはトマトである。研究グループは二〇〇株あまりのトマトを交配させ、三つの形質（果実量、可溶性固形物濃度、酸度〔pH〕）について調べた。これらの形質と三〇〇以上の遺伝子マーカーがどういうパターンで遺伝するかをランダーらは追跡し、それをもとに三つの形質を制御する遺伝子の位置を突きとめたのである。

こうして、遺伝に関するメンデルの教えと、ＤＮＡの分析と、高度な数学を組みあわせることにランダーは成功した。その結果、複数の遺伝子がかかわる複雑な形質が、特定の遺伝子領域とどう結びついているかを史上初めて明らかにすることができた。そして、この種の分析が不可能ではないことを証明したのである。

ジェイコブはランダーの指導と手法をもとに、当初の目標を達成すべく作業を開始した。つまり、ラットの血圧を調節している遺伝子の地図を作成することである。ジェイコブにとって、この仕事は「想像を絶するほど退屈」なものだった。ラットのDNAの一部をランダムに選んでその塩基配列を特定し、文字のくり返しなどにマーカーとして使えそうな個体差がないかどうかを調べる。その間、研究室のほかのメンバーは、ジェイコブから届けられる大量のデータをふるいにかけるソフトウェア・プログラムを開発した。

最終的には、高血圧の両親をもつラットと正常な血圧の両親をもつラット、合計一〇〇匹あまりのDNAを調べ、一二〇の遺伝子マーカーを用いて、それらが遺伝子とどう連鎖しているかを示す地図を作成した。まだコンピュータによる分析が始まったばかりの時代だというのに、作業が必要なデータの数は数万個。だがその努力は報われた。データの処理が終わると、ある一個の遺伝子がラットの血圧に大きな影響を及ぼしている強力な証拠が見つかったのである。

これは遺伝子研究において重要な意味をもつ一歩であり、ランダーとジェイコブは急いで結果を発表することにする。どちらも、別の研究チームが似たような発見に肉薄しているのを知っていた。ふたりはランダーの家の地下室で、夜通し論文の仕上げをした。ランダーがコンピュータに向かって文字を打ちこみ、ジェイコブはかたわらでデータを見直す。

「一睡もしませんでした。翌朝には論文が完成し、私たちはそれを『セル』誌にもっていったのです」。ランダーはのちにそうふり返っている。

一三日後、この一流誌はふたりの論文を掲載した。査読を務めたのはフランシス・コリンズ。のちにヒトゲノム計画の代表となり、その後は国立衛生研究所（ＮＩＨ）の所長に任命される人物である。論文の筆頭著者はジェイコブだった。ジェイコブは世界レベルの研究を成しとげ、この分野の最前線に立ったのである。

ゲノム科学のことをろくに知らなかった若き研究者が、新天地を切りひらいた。のちには他に先駆けてラットの遺伝子地図を作成し、「そこにとどまることなくラットのゲノム科学をさらに大きく前進させた」と、ランダーはジェイコブの業績を評価している。

ジェイコブには、国内トップクラスの研究機関で働くキャリアが開けていた。最終的に選んだのはハーバード大学医学大学院。そこで助教授となり、自らの研究室を立ちあげる。一九九三年にカウリーから電話をもらったときには、二〇人近い研究員を率いるまでになっていた。研究室ではラットはもとより、いち早くゼブラフィッシュの遺伝子地図づくりにも乗りだしていた。これもまた、人間の疾患のモデルとなる実験動物である。

それでもカウリーは、自分ならジェイコブにもっといい進路を提供できると確信していた。この若き科学者がすでに四〇〇ほどの遺伝子マーカーを発見しているのをカウリーは知っている。ＤＮＡの暗号が全部解読されるまではこのマーカーこそが宝の山であり、それをもとにすれば高血圧症の原因遺伝子をすべて突きとめるのも夢ではない。高血圧症の仕組みが遺伝子レベルで解明されれば、心臓発作や脳卒中など、異常な高血圧に起因する様々な疾患について大きく理解が進むだろう。

そうした研究をするためには、数百の遺伝子マーカーと、ランダーの研究室が開発した数学的手法と、ラットを数世代にわたって繁殖させる設備が必要であり、確かにジェイコブはそのすべてを手にしている。しかしカウリーは、ほかの多くの研究機関に欠けている強みをひとつもっていた。突きとめた遺伝子を実際の症状と結びつけてくれる、優秀な生理学者の存在である。

カウリーのいるウィスコンシン医科大学のことなど、ハーバードの研究者はたぶん聞いたこともないだろう。そんなところにジェイコブを来させるよう説得できるかどうか、自信があるわけではない。それでもカウリーは諦めなかった。あの一九九三年のラ・ホーヤの海岸で始まった会話はその後も三年近く続き、カウリーは粘り強くジェイコブを口説いた。くり返し訴えることはただひとつ。遺伝子のデータを人体の機能と結びつけるには、生理学者の専門知識がいると。カウリーの専門知識が。

遺伝子マーカーがいくらあっても、それだけではどうしようもない。実験動物を繁殖させてその性質を調べるには、生理学者の助けがいる。なのに、分子生物学が根を下ろすにつれ、生理学部は縮小の一途をたどっていた。ハーバードも例外ではない。

「よくボストンに残っていられるね。もう生理学部が死んでしまっているじゃないか。君と一緒に働いてくれる人間などひとりもいないよ」。カウリーはそうジェイコブに訴えた。

カウリーは自分で説得するだけでなく、部下にあたる生理学教授のリチャード・ローマンをボストンに送った。ジェイコブのもとで遺伝子関連の手法を学ばせるとともに、勧誘活動を続けるためである。ところが、戻ってきたローマンは首を横に振る。ジェイコブはスーパースター扱いされていた。製薬会社から助成金を受けているし、MITのランダーの装置も好きなように使える。おまけに「ハーバード病」にかかっているかもしれないともローマンはいい添えた。

ハーバードとMITは同じ州内にあって距離的にも近く、どちらもそれまで大勢のノーベル賞受賞者を輩出している。ジェームズ・ワトソン〔一九六二年生理学・医学賞、ハーバード〕をはじめ、ハー・ゴビンド・コラナ〔六八年生理学・医学賞、MIT〕、サルバドール・ルリア〔六九年生理学・医学賞、MIT〕、デヴィッド・ボルティモア〔七五年生理学・医学賞、MIT〕、さらにはウォルター・ギルバート〔八〇年化学賞、ハーバード〕もそうだ。また、ボストンから三〇〇キロあまりのニューヨーク州にはコールド・スプリング・ハーバー研究所がある。ここは国内屈指の遺伝子研究施設で、当時はジェームズ・ワトソンが会長を務めていた。まさに、新進のゲノム研究者が身を置きたいと願う環境である。

しかし、すでにカウリーはジェイコブという人間のことがかなりわかるようになっていた。

予算さえ確保できれば、ハーバードの研究者を中西部に呼ぶのは不可能ではない。そう信じていた。

ボストンを訪れてから半年後、ローマンはニューヨークで開かれたアメリカ血液学会の年次集会でジェイコブと再会した。ふたりは双方の妻を伴って、セントラル・パークのレストランで夕食をともにする。食事を終えて外へ出ると、春の夜の冷えた空気が肌を刺した。そのときローマンが公園内の馬車に乗らないかと誘う。街灯がきらめき、高層アパートがそびえ立っている。馬車はザ・リッツ・カールトン・ホテルの前を過ぎた。

「私たちもずいぶん頑張ったが、それでもやっぱり来る気はないんだろう？」

「『住みたい町ベスト一〇〇』にミルウォーキーが入っていなかったのは事実です。でも、いろんな話を聞く耳はもっていますよ」

今度は脈がありそうだとローマンは微笑んだ。

いうまでもないがこの心境の変化は、妻のリサが最初からカウリーの話に乗り気だったことが大きい。アイオワ州生まれのリサは、中西部に戻れる機会を待っていたのである。「ハーバードというのは、けっしているのに最高の場所ではありません。そこから来たということに価値があるんです」。夫婦ともに、東海岸の傲慢さには辟易していた。

このままでは、夫はヘリウム風船のようにどこかへ飛んでいきかねない。リサはそう感じるようになっていた。だからたびたび紐を引っぱって、息を呑むような壮大な計画から地面へと引きずり戻さなければならない。ジェイコブのほうも、カウリーから誘われたことで考えるようになり、新しい仕事を当たりはじめていた。じつはカウリーには知らせていなかったが、アラバマ州のインヴィトロジェン・リサーチ・ジェネティクス社という遺伝子研究の会社から主任研究員のポストを提示され、受けると返事をしたばかりだった。だがリサには、カウリーのオファーを取るほうが賢明に思えた。ようやく子供をつくろうとしている夫婦にとって、ミルウォーキー行きは中西部に戻る絶好のチャンスである。

そんな折、カウリーから手紙が届く。ジェイコブから音沙汰がないので、ほかの人材を探そうと思う、と記されていた。それがこの男の心に火をつけた。普段は進路についてとことん理詰めで考えるジェイコブだったが、どこかしっくりこないという感覚を拭えないことに気づく。そしてアラバマ行きを決めてから二週間後、ジェイコブはインヴィトロジェン社に断りの連絡を入れた。気が変わって、ウィスコンシンで働くことにしたと。

ウィスコンシン医科大学に行けば、自分が重要な存在になれることはわかっていた。しかしそれには大変なリスクを伴う。かつて指導を受けたザウからも、そんな選択をしたら人生最大の過ちになると忠告されたほどだ。なんといってもハーバードは、自分が究めようとしている新しい科学にすでに本腰を入れている。そんな超一流の研究機関で、誰もが羨むポストについているのに、そこから去ろうというのだ。

カウリーにとってもこれは大きな賭けだった。すでに学長を説きふせて、ジェイコブをメンバーに加える予算を取りつけている。大学側が了承したのはおよそ一〇〇万ドル。これだけあれば、約三〇〇平米の研究室を改造して装置類を詰めこみ、部下数名をミルウォーキーに連れてくるくらいのことはできる。若手研究者のために大学がここまでしたことはいまだかつてなかった。

「周囲からは、とんでもない大風呂敷を広げる人間だと思われていたでしょうね」。カウリーはのちにそうふり返っている。「うまくいかなかったら、カウリーの大失態だと」

ジェイコブはカウリーの話に胸をときめかせた。学部の垣根を越えた共同作業ができるというのが何より魅力的である。カウリーは立派な経歴をもち、未来も正しく見据えている。ジェイコブと仕事をしてくれる優秀な生理学者も抱えていて、その力を借りれば今より脳や肺や心臓や様々な臓器についてもっと理解を深められるだろう。おまけに、実験に必要なラットを扱う設備も整っていて、ラット自体も一五〇〇匹ほどいる。

ボストンでは、研究者と臨床医はバスで二〇分離れた別々のキャンパスにいた。だがミルウォーキーに行けば、廊下を歩いたりエレベーターに乗ったりするたび、あるいはカフェテリアで昼食をとるたび、実際に患者の治療にあたっている医師に出くわす。自分がなんのためにラットの研究をしているのかを、つねに忘れずにいられるわけだ。人間をより健康にするという目標を。

ジェイコブはボストンを離れる決意を正式に伝えるために、ハーバードと並んで籍を置いてきたマサチューセッツ総合病院の上司を訪ねる。医長で研究責任者のジョン・ポッツは理由を知りたがった。正直なところ、ポッツのオフィスに足を踏みいれた時点では、まだジェイコブの心は少し揺れていた。ところが、ポッツの放ったひと言で迷いは完全に吹っきれることになる。

のちにポッツが助手を通じて語ったところによれば、ジェイコブのことも、若き研究者の人生を変えることになった会話についても、はっきりとは覚えていないという。しかし、ジェイコブのほうはこのときのポッツの言葉を忘れることはなかった。

「じゃあ、何かい？　人類最高の病院を捨てて、その……え、どこの医科大学だって？」[6]

4 ハーメルンの笛吹き——一九九六〜二〇〇四年

ハワード・ジェイコブは幼い頃からふたつの衝動につき動かされてきた。未知の世界を探求したいというやむにやまれぬ思いと、人の先頭に立って物事を進めたいという欲求だ。ウィスコンシン医科大学はその両方を叶えてくれた。一九九六年にジェイコブがミルウォーキーにやって来たとき、連邦政府と製薬会社ブリストル・マイヤーズ・スクイブ社からの助成金九〇万ドルに加え、八人の部下を手にしていた。新しい同僚たちはすぐに、ジェイコブの夢が途方もなく大きいことに気づく。

「ハワードは大きなことを考えていましたし、私たちが一緒に大きな夢を見るのをけっして止めませんでした。目標のためなら、あらゆるチャンスをとらえろと教えてくれたんです」。ある生理学教授はそう語っている。

ジェイコブはミルウォーキーに着任する前から、アレン・カウリーとの共同プロジェクトをスタートさせていた。これは、五年間で六九〇万ドルの連邦助成金をもとに、高血圧症に特化した研究センターを設立するというものである。当時主流だった単一遺伝子の研究と比べ、はるかに包括的なプロジェクトとなる。ふたりはほかの研究者も引きいれ、ジェイコブが発見したラットの遺伝子マーカーを使い、さらにはヒトのものとして特定されているマーカーも利用して、高血圧症に影響する遺伝子すべてを突きとめるべく研究を始めた。複雑な疾患の原因を遺伝子レベルで究明する取り組みは、世界的に見てもまだめずらしいものだった。

この研究は一本の論文として実を結び、のちの二〇〇一年に『サイエンス』誌に掲載されることになる。これは、ラットの循環器機能を初めて遺伝子地図として示したものだ。[1] ふたりはその一年後にも『ハイパーテンション』誌に論文を発表している。この研究はアフリカ系アメリカ人の被験者を対象に、体重などの特徴を特定の染色体と関連づけたものである。[2] 二〇〇五年に『アメリカン・ジャーナル・オブ・ヒューマン・ジェネティクス』誌に登場した三本目の論文では、ヒトの心疾患と相関関係のある染色体領域を明らかにしている。[3] こうした大きな躍進が、ごく短期間のあいだになされていった。

「あの頃のハワードと私は、同じ屋根の下で暮らしながら同じ夢を見ていたといっていいでしょう」とカウリーは当時を回想する。

さらにふたりは、当時カウリーが会長を務めていたアメリカ生理学会の後援のもと、一九九七年に会議を主催した。場所は、現代遺伝子学の殿堂ともいうべきニューヨーク州のコールド・スプリング・ハーバー研究所。集まったのは、分子遺伝学、生理学、および薬学の分野からふたりが選びぬいた三三人の科学者である。ジェームズ・ワトソンが会議の口火を切った。

まだヒトゲノム計画が進行中だった時代に、一同は「遺伝子から健康へ」と題したプロジェクトを立ちあげ、その実現に向けた五つの目標を策定する。これはいわばロードマップであり、急速に深まりつつある遺伝子の知識を機能生物学と合体させることを目指していた。[4]

その同じ年にジェイコブは大学の終身在職権を得て、カウリーが予測していたとおりのことを始めた。フィジオジェニクス社という会社をつくったのである。様々な遺伝的特徴をもつように交配させた研究用ラットを販売する会社だ。

一九九八年にはカウリーが、国立心肺血液研究所（国立衛生研究所の傘下）の諮問委員会に四年の任期で加わった。そして、今後の高血圧症関連の研究には、遺伝子研究を含むことを助成金支給の条件にすべきだと強く説いた。

カウリーとジェイコブは「生理学」の定義を改めようとしていたのである。今や生理学は「ゲノム生理学」に変貌しようとしていた。

一九九九年、ウィスコンシン医科大学は新たに「ヒト・分子遺伝学センター」を設立し、ジェイコブを所長に任命した。これでゲノムの研究を今まで以上に推進していける。センターの目標は、研究で得られた遺伝子情報を応用して医療を向上させること。一見するときわめて単純である。しかしそれを実現するには、病気と遺伝子のかかわりを解明するだけでは足りない。その知識を、医療という複雑な実践と融合させる必要がある。それは気の遠くなるような目標だった。だが、これまで遺伝子研究が進められてきたのは、遺伝子の暗号が人類の健康向上につながるその日を目指しているからにほかならない。[5]

リサ・ジェイコブは、夫ならこの挑戦を受けて立てると信じて疑わなかった。

「何かをするとき、ハワードは少しだけでやめたりはしません。かならず行きすぎというほどにやります。何事も全力で推し進めるんです」

二〇〇〇年、ジェイコブと組んで仕事をしているピーター・トネラートという数学者が、国立心肺血液研究所から五年間で七三〇万ドルの助成金を取りつけた。目的は、ラットゲノムのデータベースをつくることである。このプロジェクトのために十数人のスタッフが雇われ、世界中の研究者から実験用ラットに関する情報を集めた。同時に、『ハーメルンの笛吹き（パイド・パイパー）』というタイトルのニュースレターも発行した。この名前は、ラットにちなんでネズミの出てくる昔話からとったものである。ニュースレターはラットの遺伝子や生理機能に関する新発見を取りあげ、世界中の何千人もの研究者に配布された。

同じ二〇〇〇年にはジェイコブの助力もあって、生理学部が過去最大の助成金を獲得する。これは、国立心肺血液研究所が主導するプロジェクトの一環として支給されるもので、遺伝子と生体の機能を結びつけるツールを開発するのがその目標だ。助成金は一〇年間で総額二五〇〇万ドルあまりにのぼり、それを使って近交系〔近親交配をくり返すことにより遺伝的な個体差をほぼなくした実験動物〕のラットにおける生理学的・ゲノム科学的ストレッサー〔動物にとって有害となりうるようなすべての要因〕を突きとめる研究がスタートすることになった。このプロジェクト絡みで助成金が下りたのは、中西部ではウィスコンシン医科大学だけである。[6]

今やこの医科大学は、世界でも有数のラット研究の一大拠点となりつつあった。二〇〇一年の時点で、大学が飼育する実験用ラットの数は五八〇〇匹。ジェイコブが着任した当時から四倍近くに増えている。ゆくゆくは四〇〇〇種類を超える様々な系統のラット（アルコール依存症、糖尿病、高血圧症、出血性疾患などをもつように遺伝子操作したラット）を有するまでになり、人間を対象にできないような実験をラットを使って実施していくことになる。[7]

またウィスコンシン医科大学は、テキサス州のベイラー医科大学ヒトゲノム解析センター主導の共同プロジェクトにも加わった。これは五八の研究機関が参加するもので、ラットの全塩基配列を決定して全ゲノムの遺伝子地図をつくることを目指している。ジェイコブは解析の対象とするラットの系統を選び、そのラットをプロジェクトのために提供し、ハイレベルな学会にも多数出席した。さらには、ウィスコンシン医科大学が担当する部分の遺伝子地図を作成したり、得られた情報を有効活用するためのデータベースづくりに取りくんだりもした。この共同プロジェクトの成果は、二〇〇四年の『ネイチャー』誌に発表されることになる。

ジェイコブはこれだけの成果を上げながらも、自分の研究は人類をより健康にするための一歩にすぎないとの見方をなくしていなかった。

研究者と臨床医は伝統的に壁で隔てられており、それはミルウォーキーも例外ではなかった。しかしジェイコブはカウリーと条件を交渉する過程で、同じ構内にあるウィスコンシン小児病院で小児遺伝部門の副主任という肩書を得られるようにしてもらっていた。ここは医科大学の提携病院のひとつである。だからといって、好きなように小児病院に出入りできたわけではない。病院の主任小児科医であるロバート・クリーグマンが縄張り意識を露わにしたために、当初はふたりの関係がぎくしゃくしていたからである。

クリーグマンは正統派ユダヤ教徒であり、ヤムルカ〔正統派の男性信者が教会や家庭でかぶる小さな帽子〕をかぶってあご鬚を長く伸ばしている。クリーグマンにしても、ジェイコブのやりたいことが理解できないではなかった。めずらしい病気の子供は「たまたま運よく」いい専門家に行きあたらないかぎり、診断がつかないことも痛感している。だが、コロンビア大学の医学部時代にがんの研究をしていた経験から、遺伝学を臨床の現場にもちこむことについては自分なりの考えがあった。

ところが二〇〇二年、オハイオ州のふたつの研究機関が魅力的な条件でジェイコブを引きぬこうとしているのがわかり、それがはからずもふたりの距離を縮めることになる。

ふたつの研究機関とは、クリーブランド・クリニックとケース・ウェスタン・リザーブ大学。両者が手を組んでジェイコブに新しいポストを打診しており、それを受ければ一億ドルの予算でパーソナルゲノム医療のためのセンターを立ちあげられる。遺伝学の知識を利用して患者を助けるというのは、まさにジェイコブが望んでいたことだ。どちらの研究機関の幹部クラスも、自分たちがバックアップすると確約してくれた。それでもジェイコブは、その言葉を額面どおりには受けとれずにいた。「双方の現場で働く人たちに話を聞いたら、両者は長らく対立関係にあるから協力などうまくいくはずがないと口を揃えるんです」

ウィスコンシン医科大学の学長はクリーグマンを呼び、ジェイコブがこのオファーを受けないように一肌脱いでほしいと頼む。クリーグマンにしても、ジェイコブをミルウォーキーに引きとめておくことがどれだけ重要かわかっていたので、曖昧な物言いをするつもりはなかった。

「要はふたりで握手みたいなことをしたわけです。そのうえで、『君のために小児科の門を開こう』と伝えました」。クリーグマンは当時をそう思いだす。

ジェイコブにとっては生身の患者に近づけることが何よりの望みだったので、そのままミルウォーキーにとどまることを決める。

二〇〇四年にはラットの全ゲノムが解読される。その頃すでにジェイコブの目は、この先ゲノム科学がたどる道筋をはっきりと見通していた。ヒトゲノムの全塩基配列を決定するには、一〇年あまりの歳月と約六億ドルの資金を要した。一方、同じくらい複雑なラットゲノムについてはわずか三年ほどしかかからず、費用も一億ドルだけで済んでいる。

「あのとき、技術の進歩はこの先も続くと確信したんです。一〇年もすれば低コストでゲノムが解析できるようになると」

確かに二〇〇一年には、ヒトゲノム計画がまだ完了していないうちから、ひとりの人間の全ゲノムを一〇〇〇ドルで解析できるようにするという目標が浮上している。[8] 低コスト化への流れは、二〇〇二年にクレイグ・ヴェンターが主催した新しい技術シンポジウムでさらに加速した。ヴェンターといえば、政府主導のヒトゲノム計画に背を向け、独自のプロジェクトでヒトゲノム解読に乗りだした人物である。一〇〇〇ドルというのは、多くの研究者や医師にとって納得のいく目標だった。その金額なら、一部の単一遺伝子の検査よりも安価だからである。

　ゲノム解析が医療の領域に近づいてきているのをジェイコブは感じとっていた。もちろん、現時点でウィスコンシン医科大学がもっている資源では、ヒトゲノム計画に参加したような大規模研究機関に太刀打ちはできない。だが、カウリーとともに様々な研究を進めてきたおかげで、自分たち自身も同僚も、人間の病気とゲノムの関係を前より深く理解できるようになっている。しかもこちらには強みがあった。近くの小児病院に行けば生身の患者に会えることだ。二〇〇四年、ジェイコブは大学の執行委員会に思いきったスケジュールを提示する。二〇一四年から、患者のゲノム解析を始めるというのだ。

　高い目標ではあったが、まだあと一〇年ある。その間に適切な装置を購入し、適切な人材を雇い、対象とすべき症例を検討・選定するシステムを構築すればいい。そこまでの準備が整えば、あとはゲノムを解析するにふさわしい病気の子供が病院に現われるのを待つだけだ。[9]

5　尋常ならざる患者――二〇〇四年秋〜〇七年初頭

ミルウォーキーでハワード・ジェイコブが新たな挑戦に邁進している頃、そこから遠からぬ町で、ひとりの幼い少年の腸に謎の病気が忍びよっていた。

初めはたいしたことではないように思われた。二〇〇六年秋のある朝、ウォーターパークで母が息子を水着に着替えさせていたとき、お尻に赤く腫れたところがあるのに気づいたのである。

その母、アミリン・サンティアゴ・ヴォルカーには四人の子供がいる。夫で電気技師のショーンが前妻とのあいだにもうけた娘がふたり、アミリン自身の連れ子である娘がひとり、そしてショーンとのあいだに生まれたひとり息子のニックである。

アミリンとショーンは、数年前にバーでビリヤードを楽しんでいるとき、友人の紹介で知りあって結婚した。ショーンは寡黙で、いかにもジーンズを履いてピックアップトラックに乗りそうな男性である。ウィスコンシンで男らしいとされる楽しみといえば、鹿狩りと氷穴(ひょうけつ)釣り、それからグリーンベイ・パッカーズ〔ウィスコンシン州グリーンベイを本拠地とするアメフトチーム〕

の試合が始まる前のテールゲート・パーティー（試合会場の駐車場で試合前に、「テールゲート」（バンやトラックの荷台）を使ってバーベキューなどを楽しむパーティーのこと）。そういう意味で、ショーンは典型的なウィスコンシンの男に見えた。この男性が自分の話を聞いてくれるところをアミリンは気に入る。ショーンは控えめで正直で、まっすぐで、娘たちのよき父親でもあった。

ショーンは州都マディソンにほど近いモノナに生まれ、四人きょうだいの末っ子として育った。もっとも、すぐ上のきょうだいとは一〇歳離れていたので、ひとりっ子のようなところもある。父親はマディソンのガス・電気供給会社に勤めていた。ドイツ系二世の母は専業主婦だったが、ショーンが小学校に上がるとその学校の給食係として働きはじめ、以後は息子が進学するたびに同じ学校に移った。

ショーンは成績が悪かったわけではないものの勉強が嫌いで、野球やアメフトやホッケーをするのを好んだ。高校ではアメフト部で共同キャプテンを務め、ラインマン（攻守の最前列に位置する選手）としてリーグの優秀選手にも選出されている。その能力を見込まれて複数の大学から声がかかったが、ショーンにその気はなかった。結局は技術系の専門学校に進んで電子工学の準学位を取得し、実習期間を経て建設業界で働きはじめる。ショーンは手を動かすのが好きだった。人の上に立つよりも、変な神経を使わない現場の仕事で汗を流すのが性に合っていた。ショーンが細かいところにまで手を抜かないことにアミリンは気づく。手早くはないものの、かならず誰よりも一生懸命に取りくんだ。

ショーンの母親が、家はおろか学校でも息子の近くにいたのに対し、アミリンの母親は正反対だった。アミリンの子供時代は、家庭が落ちついていたことのほうが少ない。というのも、父と母の関係が型破りで、理解しがたいものだったからである。父はフィリピン出身のハンサムな医師。母はイリノイ州のシカゴ郊外で生まれ育った華やかなフランス系アメリカ人。ふたりは社交ダンスを楽しみ、一緒にジェニーバ湖畔〔ウィスコンシン州南部の湖〕の高級リゾートホテルの会員にもなる。ただ、何年にもわたって別々に暮らしていた。結婚しているのか？離婚したのか？　つき合っているだけなのか？　そのことは内密にされていて、親族にさえ明かされることがなかった。

成人したアミリンもまた安定を望まず、先の見えない道へと一歩を踏みだす。中西部を離れてハワイに渡ると、美しい顔立ちと豊満な体つきを生かして水着のモデルになった。ときにはコンパニオンとして、名士の集うパーティーやヨット・クルージングで客を接待することもあった。その後は自分で会社をつくり、塀で囲まれたプールつきの高層マンションで暮らしながら、合計九年間ハワイに滞在する。だが、しだいに故郷が恋しくなっていった。母親が家を失い、幼い頃に面倒をみてくれた近所の人が病気になったのを知ると、アミリンはウィスコンシンに戻る。

出会ったときにはアミリンもショーンも、自由気ままな独身生活に終止符を打って身を固めたいと考えていた。どちらも離婚を経験し、アミリンにはひとり娘のレイラニが、ショーンにはやはり娘のマライアとクリステンがいる。また、どちらも熱心なクリスチャンだった。

ふたりは出会ってから三か月ほどのあいだに、結婚に必要なカウンセリングと許可をそれぞれの牧師から受けた。当時のアミリンには、のちに「闘う母」となる片鱗は見られない。自分のウェディングドレスのデザインが野暮ったくてまるで気に入らなかったのに、親友に勧められたものだからといって我慢したほどである。波風を立てるのが嫌いだったのだ。

ふたりはマディソン西部の教会で、内輪だけの結婚式を挙げる。双方の娘たちは早くもうち解け、新しい家族となることになんの違和感も抱いていない。

式の途中で、当時六歳のレイラニが大きな声を上げた。「あれより長いキス、見たことあるわよ！」

夫婦は三人の娘を連れて、やはりマディソンにある別の教会に通う。聖書学習会に出席し、貧窮者に食料品を配布する催しがあればボランティアとして参加した。ふたりとも、信仰の厚い人間を自認していた。

二〇〇四年の初め、アミリンが妊娠する。ショーンは男の子を望んだ。いや、望んだなどという言葉では足りない。息子を連れて野球の試合を見にいき、庭で息子とアメフトのボールを投げあう光景をありありと思いうかべたのである。息子はもちろんパッカーズのファンになる。それが、代々脈々と受けつがれてきたウィスコンシン人の血だ。ショーンはすっかり男の子だと決めてかかっていて、アミリンが女の子の名前を考えるのを許さなかった。

一方のアミリンにはそこまでのこだわりがない。すでに二度の流産を経験していたので、無事に生まれてくれさえすれば男でも女でもどちらでもよかった。

妊娠生活はつらいものだった。朝も昼も夜も吐き気と闘っているように思えるときもあった。一時期は体重が九キロも落ちたほどである。

しかし二〇〇四年一〇月二六日、夫妻の願いが叶う。七時間の陣痛ののち、無事に男の子が生まれたのである。体重三〇九〇グラム、身長四九・五センチ。アミリンはいっさいの鎮痛剤を拒んだ。ショーンは血を見るのが苦手でへその緒を切ることができず、当時八歳のレイラニが代わってその仕事をした。アミリンは一時間後にはシャワーを浴び、化粧をしていた。出産がこんなに楽だとは、そして陣痛までもがこれほど軽いとは。アミリンには信じられない思いだった。

夫婦は息子の誕生を祝って、その遺伝子と同じくらいめずらしい名前をつける。ニコラス・ゼイン・フェルナンド・サンティアゴ・ヴォルカー。とくに気に入っているのが「ニコラス」の部分だった。これは、子供を守る守護聖人の名である。

やがて一家は少年を「ニック」と呼ぶようになる。ニックは最初から健康そのものに見えたが、少し変わったところもあった。たとえば、どんなに大人しくしていても、ママの姿が見えなくなったとたんに泣きわめき、アミリンでないと抱っこすることもなだめすかすこともできない。自分の部屋のベビーベッドで寝るのも嫌がった。這い這いの仕方も妙で、両足ではなくなかった。

片足だけを使う。アミリンが四つんばいになってお手本を見せてやっても、少しも上手にならなかった。

幸いにも歩くのは別で、すぐに這い這いよりはるかに上達する。ニックは父親が思いえがいたとおりの少年だった。モノナの自宅の庭でボールを蹴ったり投げたりし、駆けだしていってブランコに乗る。家で飼っている犬（カイラーという名のビションフリーゼ犬）も大好きだった。一家のバンの前部座席によじ登っては、楽しそうに運転の真似をする。大人しかったおちびちゃんはおしゃべりな子供へと成長していった。

ニックはよく姉たちと遊んだが、時期によってお気に入りが違った。自分を抱っこさせるのはかなり長いあいだレイラニだけで、そのあとしばらくはその役目がマライアになった。ただし、相手が誰であろうと絶対に変わらないルールがひとつ。そこにはママも一緒いなければならないということだ。とにかく母親にべったりな子供だった。

家族の悩みの種といえば、少年の食欲のことだけである。好き嫌いが激しいのだ。アミリンの母乳はむさぼるように飲むのに、ほかのどんな食べ物にも食指が動かない様子を見せる。スプーンを口元にもっていっても、明るいブロンドの豊かな髪をひるがえすようにして顔を背けてしまう。発育も遅れていた。差し迫った問題ではないとはいえ、アミリンは絶えず頭を痛めた。もちろん手をこまぬいていたわけではない。炭水化物、グルテンフリー、乳糖無添加、小児脂肪便症（セリアック病）患者用など、様々な食物を試してみた。どれもうまくいかない。

二歳の誕生日が近づいてきてもニックはまだ乳離れをしていなかった。医師からは栄養が足りていないと指摘を受ける。

そこにアミリンは無言の非難を感じとった。「だめな母親！」それでも、医者の言葉を絶対視するタイプではなかったので、自分の直感を信じることにする。親族に医者が多いことを思うと意外な気もするが、だからこそそう判断できたのかもしれない。それに、全体でみればニックは十分正常といえる。食事の問題がない子供なんていないじゃない？　アミリンはそう考えた。

ところが、すべては二〇〇六年一〇月のウォーターパークで一変する。二歳になったばかりのニックのお尻にゴルフボール大の腫れ物ができ、真っ赤に炎症を起こしていたのだ。歩き方もぎこちないのにアミリンは気づく。見ているのもつらかった。

最初に頭をよぎったのは、息子を救急外来に連れていくこと。だが、まずは医師である父親に電話を入れた。父はこう助言する。病院に行って切開してもらいなさい、たぶんただの膿瘍（のうよう）〔化膿性の炎症によって組織内部に膿（うみ）がたまった状態〕だろうから。

ショーンがニックを連れていくことにする。マディソンにあるウィスコンシン大学付属小児病院〔現・アメリカンファミリー小児病院〕に父と息子が着くと、医師はニックを診察し、抗生物質を処方して、そのうち膿瘍は消えるだろうと伝えた。だが、そうはならない。膿瘍はすぐにつぶれたものの、その跡にふたつの穴が現われた。場所はちょうど肛門の近くである。アミリンは心配になった。母親としての本能も、医療に関する直感も、ニックに大変なことが起きているると告げている。間違いない。

膿瘍がつぶれた箇所はいつまでたっても治らない。身の毛もよだつとはこのことだ。見るに堪えず、口にするのも憚(はばか)られる。何よりニックにとっては耐えがたいものである。まもなくふたつの穴がつながってもっと大きな一個の穴になり、そこから便が漏れはじめた。おしゃべりだった少年は、静かになる。食欲も今まで以上にない。幼い顔が苦痛に歪んだ。

アミリンはもう一度診てほしいと病院に電話をかける。同じ医師が体を調べ、今度はこう告げた。「入院が必要です。今すぐに」

その瞬間、父と母は自分の息子がただならぬ病気におかされているのを知る。ニックは消化器科に送られた。そこでふたりは初めて息子の病名を聞かされる。クローン病だ。

インターネットに溢れる医療サイトを調べると、クローン病は腸の炎症性疾患で、自己免疫疾患の一種だという。つまり、本来体を守るはずの機能が、なぜか誤って健康な組織を攻撃することによって起きる。胃腸管が腫れるのがこの病気の最大の特徴だ。

しかしこの診断には、どうしても拭えない疑問点がふたつあった。ひとつは、クローン病がニックほど幼い子供を攻撃するのはめったにないこと。もっと困ったのは、ニックの病気がクローン病のようにふるまってくれないことである。クローン病にはいくつかの治療法があり、薬で炎症を鎮めたり免疫系を抑制したりするのもそのひとつだ。ところがニックの症状は薬に反応しない。栄養療法など別の治療法を試してみても、やはり状態は改善しなかった。[1]

アミリンはすでにクローン病の診断を受けたことで気が動転していた。なのに今度は別の何かだという。簡単に正体のわかる病気ではないと。アミリンはそれまで以上にショックを受ける。得体の知れないものと向きあう心の準備などできていない。

ニックの主治医はロバート・ジャッドという小児消化器医だ。人当たりがよくて親身になってくれるところがアミリンは気に入っている。ただ、これまでに会った古いタイプの医者と同じで、あまり口数が多くない。色々なことを教えてくれないのだ。もっとも、自分自身ですら判断がついていないのだから、何を話せばいいのかわからなかったのかもしれない。病院のスタッフは次々と検査をする。血液検査。膵嚢胞性線維症の遺伝子検査。ライトのついた管をニックの腸に入れて、内壁も調べる。要は大腸内視鏡検査だ。患者が大人ならめずらしくないが、子供相手に行なわれることは少ない。

最初のうちは、先天性グリコシル化異常症（ＣＤＧ）を疑う医師もいた。これは、代謝異常を起こす稀な疾患で、腸が影響を受けてもおかしくはない。だが、どれだけ仮説を立てても答えにつながらない。アミリンは、病院からの情報が十分でないと感じるようになる。検査結果さえなかなかもらえないことがあった。

ニックの病気は、二〇〇六年一〇月に見つかって以来いっこうによくならない。その年が終わる頃には、病院まで一六キロの道のりを車で走ることがしだいに日常の一部となり、同時にますます苛立ちの募るものとなっていた。とくに気がかりだったのは、ニックの体重が落ちてきたことである。

「まるでホロコーストを生きのびたみたいな姿」だと、アミリンはある医師にいわれた。だからといって、シリアルなどをニックに食べさせようとしても、ほんの少ししか口をつけない。なぜこんなに具合が悪いのか、誰ひとりわかっていないようだった。

ニックの入院中も、病院のスタッフに明確な計画があるようには見えない。看護師が現われて母子に「退院ですよ」と告げたかと思うと、その数分後には医師がドアから顔を出して、「今日は退院できません」という。入院し、家に帰り、また病院に戻る。ニックは検査を受け、もっと検査をされ、ときには同じ検査が何度も何度もくり返された。

数か月が過ぎるあいだ、恐ろしいまでの不安は膨れあがる一方であり、アミリンはこみあげてくる恐怖と必死で闘っていた。しじゅう検査の結果を待ち、そうでなければ病院から書類を出させようと奮闘する日々。アミリンは病院に対し、これまでのニックの診療に関する概要をまとめてくれるよう頼んでいた。胃腸病の治療で有名なペンシルベニア州のフィラデルフィア小児病院にもっていくためである。ところが、いつまでたっても書類の準備が整わない。

ニックに処方されているオーグメンチンという抗生物質は、ほとんどなんの効果もないように思える。ニックは鼻から通した栄養チューブが煩わしくて仕方ないらしく、すぐに引きぬいてしまう。

あるとき、ニックは瘻孔造影検査というのを受けた。これは、瘻孔と呼ばれる穴が腸にできていないかを調べるものである。この検査をするには、肛門から非常に長い針を入れなくてはならない。ニックは幼すぎて鎮痛剤を投与することができず、火がついたように泣く。母は胸をかきむしられる思いだった。結局、このときは腸に瘻孔が見つからなかった。

病院で数か月を費やすうち、ヴォルカー夫妻はふたつのことを悟る。ひとつ、ニックはまったくよくなっていないこと。ふたつ、きりがないほど検査をしても、医師たちは病気の原因に少しも近づいていないことだ。

息子がどれだけ苦しんでいるか、母はその顔を見ればわかる。こんなに小さく、こんなに内気で、自分にまとわりついて離れない男の子。自分では、どこがどう痛いのかを説明することもできない。以前、ニックの言葉の発達は順調だった。だが、二〇〇七年一月、症状が現われて三か月目を迎える頃には、言葉が出なくなる。

かつては気持ちよく母乳を飲んでいたのに、むずかるようにもなった。母がおしゃぶりであるかのようにアミリンを離そうとしないものの、何も口には入れたがらない。体重は落ちていく一方だ。体重が減っていることと、アミリンが授乳を続けていることを結びつけ、病気の原因が母親にあるのではないかと疑う医師もいた。ニックの食事について訊かれたとき、アミリンは咎めるような響きを感じた。医師は質問の陰で、相手の非を探している。アミリンもショーンもそれがわかっているだけに傷ついた。

だが何よりつらかったのは、スタッフと同様、自分たちにはどうすることもできないという無力感である。息子のお尻にできた穴を見るたび、アミリンは涙にくれた。あんなに可愛いお尻だったのに、これからは傷跡が残ってしまうのだ。もちろん、傷跡よりひどいことがあるのは重々わかっている。でも、そう嘆かずにはいられない。

スタッフがニックの鼻からチューブを通すとアミリンは泣く。医師の診察を受けているあいだも涙が止まらない。自宅でニックの鼻にチューブを入れるために、看護師兼ケースマネージャーの女性がスタッフの訪問日時を決めるとき、女性はショーンが在宅の時間を選んだ。「お母さんには無理ですものね」。女性はそういった。

新しいことが起きるたびに、アミリンのもどかしさは募っていく。ときには叫びだしたい思いに駆られた。私の息子はどうなっちゃったの?!

神様がニックを守ってくれると、アミリンもショーンも信じている。それでも、ニックの状態があまりにひどいので、ふたりとも最悪の可能性を考えざるを得ない。このままずっと病気の原因がわからなかったら？　洗礼を受けるかどうかを決めることもできないうちに、ニックが死んでしまったら？　自分たちの宗教は希望を捨てるなと教える。しかし、病院で混乱の日々を送り、無力感に苛まれるうち、心の準備をしなくてはいけないと思うようになった。ふたりは牧師に頼み、家でニックの献児式を執りおこなってもらう。これなら幼児洗礼とは違い、体を水に浸すことなく子供を神に委ねることができる。

しだいに、ニックのケアにかかわる色々な作業をアミリンがこなす場面が増えていく。初めは経鼻栄養チューブを交換してもらうのに、ショーンに頼んでニックを病院に連れていってもらっていた。それにかかった費用は一四〇〇ドルあまり。アミリンの気持ちを変えるには十分な額である。昔のアミリンには神経質で臆病なところがあって、排泄物を見ただけで吐きそうになったものだ。それが今や、自分で経鼻チューブを入れる方法を覚えた。ニックの病状を思えば、怖がっているような余裕はない。乗りこえなくてはいけないのだ。病気はアミリンを心理的な安全地帯からどんどん押しだしていき、その強さと忍耐力を試している。

ある日、予約の時間にニックを病院に連れていくと、狭い検査室で三時間待たされた。怒りがふつふつと湧きあがってくる。もうたくさんだ。アミリンはウィスコンシン大学付属小児病院に見切りをつける決心をする。

母はセカンドオピニオンを求めた。本当はオハイオ州のシンシナティ小児病院医療センターに行きたかったのだが、医者をしている親族たちから、自宅を遠く離れるのは得策でないと助言を受ける。彼らが薦めたのは、スブラ・クガササンという若い消化器医。クガササンは、ミルウォーキーの近くにあるウィスコンシン小児病院に勤めている。ヴォルカー家からは車で一時間強の距離である。

そこは小児病院のランキングで国内トップクラスに位置づけられ、患者数の多さでも最大級だ。救急外来と外傷センターで扱う患者数は年間およそ六万人。[2] そのわずか数年前の二〇〇四年には新聞の見出しも飾っている。狂犬病を発症した少女に画期的な治療を施し、回復させたのだ。ワクチン接種なしに狂犬病から生還できたのは、世界初の事例である。小児病院の同じ敷地には、成人向けの病院とウィスコンシン医科大学がある。医師の多くは医科大学にも籍を置いており、そのなかにはハワード・ジェイコブとそのチームもいた。

ニックの症状は炎症性腸疾患に似ており、クガササンはその炎症性腸疾患の患者を何百人も治療したことがある。この分野の専門家といっていい。しかし、ニックのような症例は見たことがなかった。何より際立っているのはその病状の重さである。ニックがクガササンのもとを訪れたのは二〇〇七年五月。二歳半と少しなのに体重は七・七キロしかない。成長曲線でいうと、三パーセンタイル曲線〔同じ年齢の子供一〇〇人を体重の低いほうから並べた場合、前から三番目にあたる体重〕を下回っている。同じ年齢の男児の平均は約一三・六キロだ。

クガササンはニックの症状を検討したが、やはりクローン病の可能性を捨てることができない。これまでの医師も、この先ニックを診ることになる医師も、その多くが一度は同じ結論に達している。クガササンはクローン病の治療薬であるレミケードを処方した。これは瘻孔を減らす効果があるものの、免疫系を弱めるという短所ももっている。だが結局はほかの医師と同じように、クガササンもクローン病という診断に疑いの目を向けざるを得なくなる。クローン病にかかるには幼すぎるし、治療薬にも反応しない。

のちにクガササンは当時の状況をこう表現している。「内科的・外科的・栄養学的なアプローチをニックはことごとくはねつけました」

それでもアミリンはこの医師が好きだった。物柔らかで配慮があり、物事を決めつけない。身なりもいい。そんなことに感心するのは変に思えるかもしれないが、自身の父親がそうだった。アミリンはクガササンを信頼する。

だが、ほかの誰よりも気に入ったのは担当外科医のマージョリー・アルカである。アルカはアミリンと同じフィリピン系だ。フィリピンの農村地帯で生まれ育ち、一二歳のときに家族とともにアメリカに渡ってきた。医者になるのは夢だったが、研修中に様々な分野を学ぶあいだもなかなかひとつの専門にしぼることができなかった。やがて、生涯忘れ得ぬ出来事が起きて、アルカは小児科を選ぶ。いや、小児科がアルカを選んだというべきかもしれない。

アルカがミシガン州の病院で、一般外科の研修医として働いていたときのことである。患者のひとりに、ザックという四歳の男の子がいた。ある日、アルカは夜勤明けで疲れ、足を引きずっていた。すると、ザックが自分を探していると聞く。何事かとアルカは身構えた。大人の患者が医者に会いたいというときは、悩みや不満をぶつけたがっていることが多い。ところがザックは違った。アルカを見つけてプレゼントを渡したかったのである。手づくりのクリスマス・オーナメントだ。アルカの強張っていた表情がほどけ、微笑みに変わる。このときの気持ちをどう表現していいのか長年わからずにいたが、自分も母となってようやくこういえるようになった。

「人様のお子さんの命を預かっているのですから、何がどうあれ全力を尽くすしかないんです」

アルカが初めてニックとアミリンに会ったとき、ふたりが深い信頼の絆で結ばれているのを感じた。この母がどれだけ息子を愛しているか、手にとるようにわかる。アミリンの心配そうな顔はこう語っている気がした。「これは私のかけがえのない子供。この子のためなら、迷わずいつでも死ねる」

6 診断を求める終わりなき旅——二〇〇七年五〜九月

ニックの体を初めて診察したとき、マージョリー・アルカは四つの瘻孔を見つけた。鉛筆の先で突いたような穴が、腸から腹部の皮膚表面にまで通じている。ほんの数週間前にマディソンの病院で検査を受けたときには、腸に瘻孔は発見されなかったというのに。穴だけではない。直腸には二本の深い亀裂が走っている。だが、やはり気になるのは瘻孔だ。四つの瘻孔が腹部表面に達して口をあけ、そこから便が漏れだしているのである。放っておいたら、感染症を起こして命にかかわりかねない。

その危険を回避するため、アルカは人工肛門の造設に踏みきる。ニックの大腸の端を腹壁の外に出し、腹に貼った袋の中に便を排泄させるのだ。これにより、腸管の使用を続けつつ、肛門の傷が治癒するチャンスを与えられるとアルカは考えた。

ところが、この病気は自らの意志をもっている。新しい治療法でニックの状態に改善がみられても、一〜二週間もすると再び病気が主導権を握ってしまう。瘻孔の数は増え、謎も深まるばかりだ。

確実にいえるのは、クローン病ではないということだけ。ではいったいなんなのか。
ヴォルカー夫妻にとって、自分たちの息子が重病ということだけでも耐えがたいのに、「なんの病気かわかりません」などと聞かされようとは夢にも思っていなかった。親は問題の原因がわかると期待して病院に行くものだ。だがときに医師は、医学誌のどこにも見当たらないような疾患に遭遇する。たまたまそうした病気に当たった不運な家族の多くは、もどかしい思いを抱えながら答えを求めて長い旅に出ざるを得ない。医師から医師へ、病院から病院へ、研究センターから研究センターへとめぐりあるくのだ。この旅は医療の世界で「診断を求める終わりなき旅」と呼ばれる。この旅を余儀なくされている患者がどれくらいいるのか、正確なところははっきりしない。しかし、政府の統計から手がかりがつかめる。アメリカでは希少疾患の患者数が合計二五〇〇万～三〇〇〇万人。診断が確定するまでに五年以上かかっているのは、その約三〇パーセントだ。ほぼ一〇〇〇万人である。[1]

　のちの二〇〇八年五月、ニックがウィスコンシン小児病院に来てから一年後、国立衛生研究所は「未診断疾患プログラム」をスタートさせることになる。これは、DNA解析など最新の技術を駆使して、謎の病気に診断を下すことを目指すものだ。だがこの二〇〇七年の時点では、ニックの担当医たちを助けてくれるシステムはない。未知と思しき疾患の容赦ない猛攻に、ほぼ自分たちだけで立ちむかうしかなかった。

　ニックの病気の正体を突きとめようと、各科の専門医たちが集まる。そのひとりがウィリアム・グロスマンだ。免疫学を専門とし、外部からの侵入者を体がどう防いでいるかを研究している。グロスマンはミネソタ州生まれ。すでに小学三年生のときに、将来の夢を訊かれるとかならず「研究医」と答えていた。高校に入学したのはＡＩＤＳ（後天性免疫不全症候群）の流行がピークを迎えつつある頃で、グロスマンはどうしてもこの病気の謎を解きたいと思うようになる。免疫系は、医学研究のなかでもひときわ重要で胸躍る分野となっていた。そこにはまだ未発見のものがたくさん眠っているのだ。

　グロスマンはミズーリ州セントルイスのワシントン大学医学部で免疫学の博士号を取得した。二〇〇四年にウィスコンシン小児病院で働きはじめると、すぐに「最も難しい症例を引きうける研究医」として定評を得るようになる。つまり、ＡＩＤＳがそうだったように、ほかの医師の理解を阻んで努力を挫（くじ）く疾患をだ。たいていの医師にとって免疫系はブラックボックスだが、免疫学は謎の病気を治療するうえでまたとない視点を提供してくれる。病院内では、未知の病気をもつ子供たちのためにグロスマンが独自の奉仕活動をしていると、冗談めかして囁（ささや）かれていた。

　消化器医のスブラ・クガササンはグロスマンをニックのチームに引きいれた。ニックの体があまりにも弱っているので、医師たちはふたつの可能性を考えざるを得ない。家庭でひどい育児放棄（ネグレクト）を受けているか、「器質的な不具合があるか」である。平たくいえば、体の仕組みや構造のどこかに欠陥があるということだ。

グロスマンはその欠陥がニックの免疫系にあるのではないかと考える。いくつもの検査をし、同僚のジェームズ・ヴァーブスキーもさらに検査を行なって、複数の遺伝子と免疫系全般についても調べた。すると、厄介なものが見つかる。

「免疫系の検査で、きわめて異常な数値が出たんです」。グロスマンはそう説明する。ニックにはナチュラルキラー細胞（NK細胞）に欠陥があった。NK細胞は免疫系で非常に重要な役割を担っている。殺し屋の名にふさわしく、ウイルスや腫瘍におかされた細胞に結合すると、溶解性顆粒を放出して標的細胞を破壊するのだ。ニックの場合、このNK細胞の働きが十分ではない。だからといって、それを修復すれば病気の治癒につながるのかどうかはまったく不透明である。[2]

結局、この病気の仕組みについてはほとんどが謎のままであり、答えを探そうにも「ニワトリが先か、卵が先か」の悪循環に陥ってしまう。病気のせいで栄養不良の問題が生じているのか、それとも栄養不良のせいで病気になっているのか。両者は明らかにつながっている。炎症というのは攻撃に対する免疫系の反応であり、それが栄養の摂取に影響を及ぼす。炎症が栄養素の吸収を妨げ、体を弱らせて、結果的にもっと炎症が起きる。

ニックの体が弱っているのは病気のせいなのか、あるいは栄養不良のせいなのか。それを明らかにすることが「重要な分岐点のひとつだった」とグロスマンはふり返る。だがそれが苦しい板挟みの状況へとつながっていった。ニックは栄養不良であり、何がなんでも食べ物を必要としている。なのに実際に口に入れると、病気は咆哮を上げながら息をふき返すのだ。

ニックの食事を静脈栄養に限れば状態は改善する。つまり静脈カテーテルを通して、ブドウ糖、アミノ酸、ビタミン、ミネラルをじかに静脈に注入するのだ。ところが静脈栄養をやめてちゃんとした食べ物に戻すと、病気がぶり返す。そしてまた、腸から皮膚まで穴があいて激しく痛む。穴は見るも無残な状態で、とくに肛門近くのものは正視に堪えないほどひどい。看護師のひとりは音を上げ、担当から外してくれと願いでた。炎症性腸疾患を専門にする医師であっても、ここまで重篤なケースはほとんど経験したことがない。

炎症を起こした消化器系を避けて栄養を静脈に直接入れるのは、あくまで一時的な措置であって根本的な解決にはならない。グロスマンたちが文献探しや検査結果から答えを見つけるまでのあいだ、なんとかニックを生かしておく手段というだけだ。

人工肛門でプラスチックの袋に便を排泄させるのには効果があった。ただし、ほんの短いあいだだけ。術後ひと月とたたないうちに瘻孔の数が増える。穴のまわりの皮膚は恐ろしい紫色に変わり、状態が悪化した。人工肛門のための手術の傷も、治ってきていいはずなのにそうならない。その代わり、腸から漏れてきた便のせいで傷口が感染症を起こすおそれが出てくる。医師たちはこれをずっと危惧してきた。[3]

二〇〇七年の六月が半ばを過ぎた頃、ニックはみるみる衰えていった。数か月後の誕生日で、ようやく三歳になるにすぎないのに。クガササンはアミリンに、自分たちは病気を甘くみていたと認める。予想よりはるかに手強いものだったと。それはアミリンにもわかった。痛みがニックを消耗させ、エネルギーを根こそぎ奪っている。

六月最後の週、アミリンのオンライン日記のコメント欄に、友人が新約聖書「ガラテヤの信徒への手紙」からの一節を記す。「たゆまず善を行いましょう。飽きずに励んでいれば、時が来て、実を刈り取ることになります」〔『聖書 新共同訳』六章九節〕

これは予言の言葉だったのかもしれない。医師たちはニックに輸血をし、感染症と闘う白血球を増やすための薬を与える。ニックは高熱に耐え、何日も固形食を口にせず、さらに何度も輸血を受けた。手術室行きが九回、一〇回となり、そのあとはもうアミリンにも数がわからなくなった。医療費はかさむ一方。その金額はそれからの数年で、ニックの保険の生涯補償額の上限である二〇〇万ドルを上回ることになる[4]。

しかし白血球が数を増すにつれ、ニックはゆっくりと回復していった。元気が戻り、電車のおもちゃで遊べるようにもなる。このときばかりは頬もふっくらとし、体重も一一キロ近くまでじわじわと増えた。三歳の誕生日が近い男児としてはまだ相当に少ないものの、もう姉たちとふざけたり、一度に二～三日病院を離れたりすることもできる。何よりありがたかったのは、瘻孔が治りはじめたことだ。

九月一日、もう具合が悪くないと少年は母親に告げる。病院側も同じ意見だ。ニックの状態は間違いなく改善している。これなら退院できると医師たちは判断した。

7　天井のクモ――二〇〇七年九～一〇月

自分は治ったとニックが宣言した二日後、ヴォルカー夫妻は州間高速道路九四号線を東に向けて飛ばしていた。ウィスコンシン小児病院の緊急救命室（ＥＲ）に向かうためである。週末の出だしは上々だった。少年は家に帰り、血球数も申し分なく、笑顔で元気で、遊び好きな子供に戻っていた。

するといきなり呼吸が速く浅くなり、やがてぐったりとする。アミリンが息子のおでこに手を当てたとき、恐怖が押しよせてきた。燃えるように熱い。それからすぐに嘔吐しはじめる。

何が起きているのか、アミリンにはなんとなく見当がついた。父や親族が医者だったおかげで気づけたのだ。これが典型的な敗血症の症状だと。敗血症とは、血液の感染と闘うために免疫系が過剰に反応することで起こり、往々にして命にかかわる状態を招く。ニックには敗血症特有の症状がすべて現われていた。発熱、呼吸の速さ。一刻も早く病院に連れていかなければならない。

ショーンがハンドルを握り、アミリンはうしろに座ってニックをなだめる。脈が速く、何事かをつぶやいている。その言葉を聞いたとき、アミリンの背筋に寒気が走った。天井にクモが見えるといっているのだ。

息子が幻覚に怯えているあいだ、母は声に出して祈る。短い人生ながらニックはすでに何度も危機を迎えていたため、言葉はほとんど自動的にすらすらと流れでた。

「天にましますわれらが父よ、どうかニックをお守りください」

病院に着くと、アミリンの恐れていたとおりだとわかる。やはりニックは敗血症性ショックを起こしていた。循環器系の働きが乱れて命が危うくなっている。普通であれば、血液はそれを最も必要とする臓器や組織に多く送られ、優先順位の低い領域には少ない。ところが敗血症性ショックの状態にあると、この需要と供給の関係が崩れる。酸素と栄養を運ぶ血液が大事な脳や心臓から遠ざけられ、重要性の低い臓器にふり向けられてしまうのである。ニックの幻覚は、脳が十分な血液を受けとっていないしるしだ。最終的には臓器不全をきたして命を落としてもおかしくない。敗血症性ショックに陥った全患者のうち、二五～五〇パーセントが死に至る。

ニックは即座に集中治療室（ＩＣＵ）に運ばれた。

ＩＣＵ担当医のジョージ・ホフマンは甘い見通しを抱いていなかった。ニックの様子を見て、心のなかでこうつぶやく。十中八九、この子は助からないだろう。

それでも、この病院に二〇年勤めながら様々な症例に接してきて、最悪の状況であっても希望がないわけではないことをホフマンは知っている。そこで、ニックに抗生物質を大量投与することにした。特定の病原菌を対象にした抗生物質を一～二種類、などというのとはわけが違う。

「ショットガンを使うのです。ライフルではなく」

少年をこれほどの状態にしている病原菌が何かはわからない。といって、突きとめようとすれば二四～七二時間はかかる。だから色々な種類の抗生物質を組みあわせ、あとはうまくいくのを願うのみ。形勢を逆転させるには、あと六時間ほどの猶予しかない。

この投薬によって、さらなる容体の悪化は食いとめられた。ところが、その大事な六時間を過ぎても回復の兆しが現われない。数日が数週間となり、危機は次々と姿を変えてニックに襲いかかる。アミリンはそのすべてを日記に綴っていった。もうもたないだろうと医師から告げられた夜もある。ニックの具合が悪すぎて、そばを離れたくなかったときもある。友人に頼んで、代わりに日記を書いてもらうこともあった。

九月四日――ニックは厳しい状況。……多臓器不全のおそれがある。熱は現在約四一度。うわごとをいい、幻覚を見て、体につながった管を全部抜こうとしている。

四一度の高熱が、ニックを恐ろしいほど崖っぷちに近づけていた。四二度を超えれば、まず間違いなく命はない。医師たちは反撃のためにホルモン剤を投与し、心拍を強くして血圧を上昇させるのを狙う。[1]

アミリンは一〇〇キロあまり離れた教会の仲間に連絡し、車で病院に来てニックの体に手を置いてほしいと頼む。日記にはこんな言葉を綴った。「絶対に遅れないで」

アミリンはニックの病室で寝泊まりした。

ショーンは仕事をし、家に帰って娘たちの面倒をみる。息子がいなくなるかもしれないなんて、どうしても受けいれられない。それでも危機はニックから去らず、医師から新しい報告があるたび、その声は不吉な響きに貫かれていた。

九月六日［友人による代筆］――病院は［アミリンに］、ニックが心停止状態になったら蘇生処置を行なうかどうか決めてほしいといっている。

かならず助かると信じている以上、「蘇生させるな」などといえるはずがない。わが子を見殺しにする母親がどこにいる？

一般に、敗血症性ショックの患者は病状がよくなったり悪くなったりをくり返しながら、ICUで一～四週間を過ごすケースが多い。ニックは感染症と闘った。だが同時に、気胸〔肺を包む胸膜腔の中に空気がたまり、呼吸困難などが起きる状態〕にも苦しんだ。[2]

アミリンにできるのは、見守ることと祈ることだけ。自分の思うようになることはほんの少ししかない。しかし、そのわずかなことをするときには、自分のやりたいようにした。夜はときどきニックのベッドで添い寝をする。子供と一緒に眠ることは本当は禁じられているのだが、看護師は見て見ぬふりをした。この母はけっして希望を失わず、前夜に何があろうと朝になると見事に落ちつきを取りもどす。その様子に、看護師たちは目を見張った。今度こそニックが危ないと医師から何度告げられても、翌朝にはどうにかして気持ちを立てなおし、涙の跡の残る顔を洗って、さっぱりとしたビジネススーツに身を包むのである。

九月一三日——気胸のせいで、ニコラスが何度か呼吸困難になる。……今は意識がはっきりしているので、本人にとってはかえってつらい。恐怖と苦痛を感じるからだ。

危機はニックを次から次へと襲う。親族はアミリンに、葬儀場を訪ねてみるように勧める。最悪の事態に備えさせようとしているのだ。脅そうというのではなく、覚悟をさせるために。アミリンは聞く耳をもたない。葬儀場に足を踏みいれるのを頑として拒む。

九月二〇日——ニッキーが〔また〕ものすごい高熱を出してから今日で五日目。今は四〇・九度もある。大腸菌の検査をしたら陽性。呼吸をさせるための管から入ったものだ。

肺炎も起こしている。

医者であるアミリンの父親は、「蘇生処置をするな」と病院に指示したほうがいいと娘に説く。「絶対にいや」。アミリンは拒む。「諦めるもんですか」

アミリンはけっして自分の日記に「死（Death）」という言葉を書かない。医療関係者はいとも簡単に口にするようだが、アミリンはそれを「Dのつく言葉」と呼んで毛嫌いした。医師や看護師がその言葉を使うたびにアミリンの怒りは募り、絶対に諦めないという思いが強くなっていく。

そして、どういうわけかいつもアミリンが正しい。色々な専門医がその言葉を発しても、決まってそれが早計だったとわかるのだ。強力な抗生物質がようやく功を奏して、ニックの体は感染症を追いはらっていった。また、全血輸血や血漿(けっしょう)輸血、あるいは血小板輸血を何度も受けることで、血流も改善する。

この少年は、奇病におかされるという不運にみまわれる一方で、魔の手を次々にかいくぐって闘いぬくという、驚くべき力にも恵まれていた。

入院期間が長引けば長引くほど、問題が起きる確率が高まる。患者が子供や高齢者、あるいは免疫系が弱っている場合にはなおさらそうだ。そうした患者に対しては、とにかく守りを固めることが肝心である。脅威となりそうなものを予期し、そのひとつひとつに対して予防策を講じるのだ。

静脈カテーテル経由で新たな感染症がニックの体に入ったとき、医師たちはカテーテルを交換した。徐々に熱が下がりはじめ、やがて平熱に戻る。[3] 体重も少し増えて一一・五キロを超えた。これでもまだ同年齢の平均に比べたらずいぶん低いが、多少なりとも体重増加がみられたのは数週間ぶりのことである。陰鬱な病室のなかで、ときどきニックの個性がほとばしるようにもなる。看護師が部屋に入ってくると、体をつつきまわされないように寝たふりをした。この少年にとってはそんな些細なことでも、自分の世界で主導権を握るための立派な手段なのである。

九月二七日――これを書いている今、ニックは元気そうで、声を上げて笑って、姉たちと遊んでいる。昨日はようやくあの子を再びこの手で抱きしめることができた。生まれたばかりの赤ちゃんを抱っこするみたいに、何時間も離さなかった……。

車の天井にクモを見てから約一か月、一〇月に入る頃にはニックはスクランブルエッグが食べられるまでに回復する。チューブを通らない食べ物は久しぶりだ。人工肛門の手術時の傷も、徐々によくなってついに完治した。一〇月の終わり、ＥＲに駆けこんでから七週間後に、ニックは退院してモノナの家に戻る。ちょうど三歳の誕生日に間に合った。

アミリンはつねに揺るがず、「蘇生させるな」の指示も葬儀場の話も頑なにはねつけた。親族や医療スタッフがどれだけ恐怖をまき散らしても、けっして感化されることがなかった。そして、その不屈の精神を受けついでいることを証明してみせたのが、ニックである。ニックの病気が遺伝子のどこかに隠れているのだとしたら、そこには母の強さも潜んでいたのかもしれない。それが、一番苦しいときに息子を支えたのである。

8　一歩を踏みだすなら大きく速く——二〇〇七年一一月～〇八年一月

ハワード・ジェイコブのオフィスからは、ウィスコンシン小児病院の屋上ヘリポートが見える。救急ヘリは昼夜を分かたず、病気や怪我で深刻な状態にある患者を運んでくる。ジェイコブはその様子を目にするたび、何より求められているのが急ぐことだという思いを新たにした。病院という場所では、研究計画が自分たちのニーズに追いつくのを待ってはいられない。計画よりも目の前の患者が優先される。

緊急救命室（ＥＲ）には、この上なく難しい症状の患者がなんの前触れもなくやって来る。そのいい例が二〇〇四年にあった。その年の秋、ジーナ・ギーズという名の少女が救急車でこの病院に運ばれてきた。ギーズは狂犬病で瀕死の状態だった。そして、医師のロドニー・ウィロビー・ジュニアが最後の手段として独自の治療法を編みだし、それが少女の命を救い、ワクチン接種なしに狂犬病から生還した世界初の事例をつくった[1]。こんなことをいったい誰が予想しただろう。

何が起きるか、予測などできないのである。

計画するのは自由だ。二〇一四年から患者のDNA解析を始めるのもいい。計画書を作成し、それを学長や理事会や諮問委員会に提出し、決めたスケジュールを厳密に守るのもいい。だが、そのとき恐ろしい病状の患者がERに担ぎこまれてきたら、計画は書きなおしを迫られるかもしれない。

二〇〇七年には、小児病院の廊下を歩くジェイコブの姿がおなじみのものとなっていた。主任小児科医のロバート・クリーグマンは約束を守って小児科の扉を開き、ジェイコブはその機会を十分に活用してきた。オハイオ州のふたつの研究機関からのオファーを断ってからは、小児病院で過ごす時間が大幅に増えている。

「こちらでも働くと誓ったわけですから、ここで費やす時間を増やしたのでしょう」。のちにクリーグマンはそうふり返っている。「ハワードの姿をよく見かけるようになりました」

普通の研究者には病院での経験がほとんどない。それにひきかえジェイコブは、日常の様々な手順や判断、そして重病の患者が突きつける課題などを理解できるようになっていた。まだニック・ヴォルカーに会ったことも、その不思議な病気について耳にしたこともない。だが、別の複雑な疾患を担当する医師や研修医とはよく話をしていた。

小児遺伝部門の副主任として、ジェイコブは毎週月曜日の午後の会議に出席する。この会議には同じ部門のセクション責任者が顔を揃える。病院が遺伝学関連の仕事で人材を探していれば、ジェイコブはかならず手を挙げた。病院付属の研究所も、医科大学におけるジェイコブの研究室に資金を提供している。ジェイコブの部下も何人か、小児病院で重要な役割を担っていた。たとえば、かつてジェイコブのもとでポスドクとして働いたウルリヒ・ブレッケルは、自分の研究室を病院の研究所に移している。

二〇〇四年八月にジェイコブは、苦手な白衣に丸々一か月のあいだ袖を通し、朝七時半のクリーグマンの回診につき従うことまでした。研修医たちが前夜の出来事について話しあうのに耳を傾け、とりわけ難しい症例について自分の考えを述べる。自分の投げかけた問いに対して研修医が答えに詰まるのを見て、臨床の場と研究室では意思決定の仕方が異なることにジェイコブは気づいた。

ときに医師たちはなんのデータもない状態で、生死を分ける決断を下さなくてはならない。仮に必要と思われる検査がすべて済んでいても、結果についてじっくり考える時間がないこともある。それでも、教育や経験をもとに、場合によっては直感でもいいから、なんらかの決断をしなくてはいけない。

「あれは見ていてつらくなりましたね」とジェイコブは回想している。

だが見れば見るほど、DNA解析が医療で大きな役割を果たせるという思いが深まっていった。これは揺るぎない確信であり、ジェイコブがミルウォーキー周辺で行なう講演のテーマでもある。ヤング・プレジデンツ・オーガニゼーション〔世界各地の若手経営者約二万人で構成される非営利ネットワーク〕の地域支部で話をしたときには、遺伝学が人々の生活を向上させると説いた。病院の症例検討会で話をするときには、解析技術が医療の実践を変えると訴える。

ただし、こうした話題を全国レベルでもちだしたことはまだない。医学誌が求めるのは、直感や予想ではなく発見と事実だ。科学者同士が互いの業績を評価する際には、発表された論文をもとに判断する。そして、ジェイコブについてこれまでの論文から科学界が導いた結論は、端的に「ラット研究者」だった。

ジェイコブの科学者としてのキャリアのなかで、確かにラットは大きな存在である。二〇〇七年末の時点で、著者や共著者として一五〇本以上の論文を発表しているが[2]、その多くはラットがなければ成りたたなかった研究だ。かつての同僚のリチャード・ローマンによれば、どの研究もテーマは同じ。遺伝子発見の効率を上げる方法を見つけることである。それは、ジェイコブの最終的な目標につながるものだ。

「私たちがやってきたことはすべて、人間の病気を理解するためのものです」とジェイコブは語る。「ラットを使って発見をし、ラットの問題を解決し、その解決策を人間に応用する。そういう視点で研究をしていました」

しかし二〇〇七年には、発見のペースが落ちはじめていた。ひとつの問題に悩まされていたせいである。科学の世界では、まだラットの遺伝子を操作することができなかったのだ。

人間の疾患を模したモデルをつくるために遺伝子を改変できるのは、かなり長いあいだマウスだけだった。二〇世紀後半に三人の科学者（マリオ・カペッキ、マーティン・エヴァンズ、オリヴァー・スミティーズ）が行なった発見により、マウスの一個の遺伝子を標的にしてそれを不活性化することができるようになった（三人はこの功績により二〇〇七年のノーベル生理学・医学賞を受賞している）。その結果生まれる「ノックアウトマウス」のおかげで、体内で遺伝子がどんな働きをしているかを調べる道が開けた。こうして、遺伝学の実験にはマウスが選ばれるようになる。だが、生理機能、行動、認知のいくつかの面については、マウスよりラットのほうが人間に近い。新薬のテストをする際にも、利用されるのは主にラットである。つまり、人間の重要な遺伝子機能を解明するうえで、マウスが最適とはいえない場面もあるということだ。遺伝子研究に足りないものは「ノックアウトラット」だった。

ジェイコブはこうした現状を打開するために、まだ開発途中の新技術を試してラットの遺伝子を改変したいと考えた。「水平線に目を凝らすのも仕事のうちなんです」

まず初めに実験してみたのは「ENUミュータジェネシス」という手法である。これは、ENU（エチルニトロソウレア）という化学物質を用いて遺伝子の変異を誘発するものだ。マウスではすでに実績があり、小規模ながらラットでも成功した事例がある。この手法は精子の遺伝子にランダムな変異を起こせるものの、一個の遺伝子の特定領域をピンポイントで改変するのにはあまり向かない。だが、それができなければノックアウトラットはつくれない。そこでジェイコブの研究室は、トランスポゾンを使って遺伝子を編集することを試みる。トランスポゾンはジャンピング遺伝子とも呼ばれるDNA片のことで、ゲノム内で位置を変えることができる。これも遺伝子の塩基配列を乱すという意味ではENUミュータジェネシスと同じだが、こちらのほうが研究者がコントロールできる余地が大きい。

「ですがこれもやはりハワードの好みとはかけ離れたものでした。時間がかかるんです」。そう語るのは、ジェイコブの右腕であるヨセフ・ラザル。「ハワードは大きな一歩を追いもとめるタイプです。ちょこちょことゆっくり進むのは性に合いません。一歩を踏みだすなら大きく速く、です」

かのグレゴール・メンデルは、およそ八年かけて約二万八〇〇〇株のエンドウを栽培することで数々の遺伝法則を確立した。だが、忍耐はジェイコブの得意とするところではない。もっと短時間で遺伝子を編集できるツールはないかと探しはじめる。その探索に終止符を打ったのは、見知らぬ男からの一本の電話だった。

男はフョードル・ウルノフという名で、カリフォルニア州のバイオ医薬品会社サンガモ・バイオサイエンシズの上級研究員である。自社で開発した新技術の威力をぜひ見てもらいたいという。サンガモ社の「ジンクフィンガー・ヌクレアーゼ」という人工酵素を用いると、DNAの特定箇所を狙って遺伝子を改変できる。そうウルノフは請けあった。

既存の遺伝子編集技術はどれも、扱いにくいうえに行き当たりばったりな変異しか起こせない。正確さで売ってはいないわけである。あるときウルノフは、MITの生物学教授ルドルフ・イエーニッシュから、自社技術の確かさを証明したいならラットで試す必要があるといわれた。イエーニッシュは、他に先駆けてマウスの遺伝子改変を行なった科学者である。イエーニッシュの考えでは、遺伝子研究が次に進むべき道はラットである。臓器の大きさ、発生や成長の過程、そのほか色々な生理学的特徴の面で、マウスよりラットのほうが人間に近いからだ。イエーニッシュがマウスの遺伝子操作で自らのキャリアを築いてきたことを思うと、この言葉には大きな説得力がある。

ウルノフはこの分野についてリサーチし、ジェイコブに白羽の矢を立てた。世界に名高いラット研究者なら、ジンクフィンガー技術を試してもらうのにうってつけだと思ったのである。「初めはまったく信用していませんでした」とジェイコブは当時をふり返る。しかし、「形勢を一気に変える力」をジンクフィンガーが秘めているとすぐに確信するようになった。これを使えば、狙った遺伝子をクリックしてその塩基配列を変えることができる。マイクロソフトのWordで文字の挿入や削除を行なうくらい簡単に。それほど手早く遺伝子改変ができたら、遺伝子の仕組みの解明に向けて研究は大きく加速するだろう。

ジェイコブがジンクフィンガーをテストしてみると、ウルノフの予言どおりにうまくいった。ラットの胚(はい)にこの酵素を注入したところ、所定の遺伝子を短時間で修復したり、不活性化したりすることができたのである。このときのラットが、ジンクフィンガー法で遺伝子操作された史上初の哺乳類となった。この実験をベースにした研究論文が、のちの二〇〇九年に『サイエンス』誌上で発表されている。[3] これは、特定の遺伝子を不活性化し、ノックアウトラットの作成に成功したことを世界に伝えるものだった。ゆくゆくはジンクフィンガー法による遺伝子操作を通じて、パーキンソン病、アルツハイマー病、高血圧症、および糖尿病をもったラットがつくられ、それぞれへの理解を深めるのに役立てられていくことになる。

だが、ジェイコブについてウルノフが一番感銘を受けたのは、『サイエンス』誌の論文が掲載されたあとだった。

「これを幅広く活用してもらうには、ぼくが何をすればいい？」ジェイコブはそう尋ねたのである。

この男は未試験の新技術を進んで試すだけでなく、いったんその技術が有用だと検証されたら、できるだけ多くの研究者が利用できるようにしたいと考えていた。科学界ではただのラット研究者としかみられていなくても、ラットはヒトゲノムの理解を深めるための道具にすぎないことをジェイコブは認識していた。

もちろん、ＤＮＡを調べて人間の疾患への知識を深めようという取り組みには、もっと知名度が高くて規模も大きいものがそれまでにもあった。たとえば二〇〇二年にスタートした「国際ＨａｐＭａｐ（ハップマップ）計画」は一億ドル規模のプロジェクトであり、比較的高い頻度で起きる遺伝子変異をすべて特定することを目指すものだ。それができたら、次なる重要なステップは、病気の患者のゲノムと健康な人のゲノムを比べることである。これは「ゲノムワイド関連解析（ＧＷＡＳ）」と呼ばれ、当時は盛んに実施されはじめていた。ＧＷＡＳには「Ｄ

NAチップ（DNAマイクロアレイとも）」という分析器具を用いる。検体となる個人のDNA片をチップの上に流して、一文字の違いがどこに生じているかを読みとるというものだ[4]。

GWASとして初めて注目に値する研究といえるものが、二〇〇七年六月の『ネイチャー』誌に発表された。複雑な疾患との関連を探すべく、DNAチップを使ってゲノムのかなりの部分を精査したのである。この研究を実施したのは、「ウェルカムトラスト・ケースコントロール・コンソーシアム」と呼ばれるイギリスの研究者グループ。ありふれた七種類の疾患について二〇〇〇人の被験者を調べ、それぞれの疾患の引き金とみられる有望な変異候補を多数発見した[5]。

確かにGWASを実施すれば、様々な病気と関連する箇所がゲノム上に何千と見つかるだろう。しかし、相当なコストをつぎこむだけの価値があるのかという疑問が拭えなかった。なにしろ、一度の作業につき約一〇〇〇万ドルかかるのである。しかも、発見された差異の多くは、特定の疾患へのリスクをわずかに高めるだけにすぎないとの批判の声も上がった[6]。

ジェイコブはGWASとあえて距離を置いていた。やはり自分はラットの研究を通して病気を理解するほうがいいと信じていたのである。そして、いずれはウィスコンシン小児病院と手を組んで、ゲノム医療を推進するのが最終目標だった。小児病院とジェイコブのつながりはますます深まっていった。

この病院はすでに大きな存在へと成長を遂げている。とはいえ、一九九三年にクリーグマンが着任した頃にはただの地域病院にすぎず、世界的にまったくの無名であるばかりか、連邦助成金による研究もほとんど行なわれていなかった。そのうえ、病院の理事たちは子供が病気になると、自分のところではなくミネソタ州のメイヨー・クリニックやボストン小児病院といった有名病院に連れていく。腹立たしいが、それが現実だった。クリーグマンはこれを変えたいと考えた。

まず理事たちに対して、病院で遺伝子研究を進めることがいかに重要かを力説した。近所に住む理事のひとりと、犬の散歩をしながら話をしたこともある。そうした努力の甲斐あって、クリーグマンが新しい小児科長を連れてきたときには、理事たちが以前より興味をもって色々なことを知りたがった。その新しい人材がどれくらい助成金を受けているのか、という質問まですするようになる。研究の世界では何を基準に評価が決まるのか、理解しはじめてきたしるしだ。国立衛生研究所（ＮＩＨ）が発表する研究助成金のランキングで、ウィスコンシン小児病院の順位が上がったとクリーグマンが伝えると、理事たちは拍手喝采した。

「私たちは風土を変えたのです」とクリーグマンはふり返る。

二〇〇七年の時点では、その新しい風土は目に見えるかたちで病院全体に根づいていた。そのひとつとして、ジェイコブの秘蔵っ子ブレッケルの舵取りで、病院初のゲノム研究提携が進められていた。ＤＮＡチップ・メーカーのアフィメトリクス社と戦略的な提携関係を結び、現世代のチップを安価に供給してもらうというものだ。今後、小児病院の研究者は同社のチップを使い、大勢の患者のＤＮＡを調べることになる。[7]

さらには一億四〇〇〇万ドルを投じて、病院付属の研究所に新しい研究棟を開設したばかりだ。ここにはいくつもの研究室と、八〇〇〇匹以上のラットが収容されている。開棟式では、国立ヒトゲノム研究所のフランシス・コリンズ所長がスピーチをした。[8] ＮＩＨの研究助成金ランキングを見ると、二〇〇三年の四四位から今や二三位に上昇し、〇八年にはトップ二〇入りをうかがえるまでになる。[9]

同時に、ゲノム科学自体も変わりつつあった。ジェイコブがアレン・カウリーとカリフォルニアの浜辺を歩いたときは、まだ科学界の片隅で少数の先駆者が研究しているものにすぎなかった。今では急速な成長を遂げつつある。

二〇〇七年五月、クレイグ・ヴェンターは自身の全ゲノムの解読を完了した。ヴェンターは公的機関によるヒトゲノム計画に対抗し、自ら設立した私企業を使って同じゴールを目指した研究者である。その年の一二月、ヴェンターは有名な「リチャード・ディンブルビー講演」の話者に選ばれる。この講演はＢＢＣ（英国放送協会）が主催しているもので、アメリカ人が話者を務めるのはわずか三例目、科学者としても数人しか先例がない。[10] 講演のなかでヴェンターは、社会の未来はＤＮＡを理解・使用する能力にかかっているといい切った。[11]

ヴェンター自身のゲノム配列が国のデータベースに公開された数日後、テキサス州ヒューストンのベイラー医科大学で式典が開かれる。式典では、４５４ライフサイエンシズ社の創業者ジョナサン・ロスバーグが、ジェームズ・ワトソンに一枚のＤＶＤを進呈した。そのなかには、ワトソンの全ゲノム配列の情報が収められている。これはベイラー医科大学と４５４ライフサイエンシズ社が共同で解析を実施したもので、同社の次世代解析装置が使用された。かかった時間は一三週間、費用は約一〇〇万ドルである。[12]

これではまだ、日常的に使えるレベルには程遠い。しかし、わずか数年前に初めてヒトゲノムが解読されたときには、約一〇年の歳月と六億ドルを要したのだ。それを思えば、期間もコストも大幅に短縮されている。その後もコンピュータの処理速度は加速を続けているので、解析にかかる費用は着実に下がっている。「一〇〇〇ドルでゲノム解析を」というのももはや単なる願望ではない。不可避な未来となったのだ。

ベイラー医科大学、エリック・ランダーの創設したブロード研究所、さらにセントルイスのワシントン大学医学部には、大規模なＤＮＡ解析センターがある。ジェイコブの手元には、そういう施設ほどの資源はない。それでも、自分のプロジェクトを彼らと張りあえるものにするために、どうすればいいかをジェイコブは十分に心得ていた。次世代型の解析装置を購入するのである。一台あれば、ヒトゲノム計画で使用された装置およそ二〇〇台分の仕事ができる。すでに準備を進めていて、二〇〇八年の半ばには研究室に４５４ライフサイエンシズ社の装置が届く予定になっていた。ワトソンのゲノムを解析したのと同じ、あのモデルである。[13]

9　患者X――二〇〇八年二～八月

　今やニック・ヴォルカーの医療チームは、六人の医師が中心となって動いていた。仕事を終えるとそれぞれがニックの病状に関する疑問をもち帰り、思いつくままに色々な推測をめぐらせ、医学文献を読みあさる。また、夜遅くまで別の病院の医師に電話をかけたり、電子メールを送ったりもする。学会に出席する機会があれば、「患者X」という名で謎の病気をもつ少年の話をした。似たような症例を見たことがないか、なんの病気だと思うか。同業者に尋ねてみても、謎は深まる一方である。

「ニックのような身体状態を示す患者は、ほかにひとりも見当たりませんでした」と、免疫学者のウィリアム・グロスマンは語る。

　ニックの家族が「診断を求める終わりなき旅」に疲れはてている陰で、医師もまた果てしない旅に迷いこんでいた。

　その旅が袋小路に入るたび、医師たちはクローン病説に立ちもどってくる。そしてまた、ニックの病気がクローン病のようにふるまってくれない事実に、さらにはクローン病の治療をしても改善しない事実に、敗北を突きつけられる。[1]

具体的な病名は特定できないながらも、医師たちのあいだにはこれが自己免疫疾患の一種ではないかという考えがあった。免疫系が体に反旗をひるがえし、健康な細胞を死滅させているのである。グロスマンは途方もなく長い時間をかけて、複雑な遺伝的経路を細かく検討した。遺伝的経路とは、複数の遺伝子からなるネットワークのなかで遺伝子同士がどのような相互作用をしているかを表わすものだ。遺伝子がほかの遺伝子に働きかけて重要なプロセスを妨げる場合もあれば、別のプロセスの引き金を引く場合もある。ドミノ牌が並んでいるところに似ていなくもない。次の牌にぶつかってドミノ倒しを誘発するものもあれば、その流れをせき止めるように動く牌もある。

遺伝的経路をたどることで、ニックの体内で何が起きているかを垣間見ることができるのではないか。グロスマンはそう期待し、個別の遺伝子を標的にした検査を多数と、ニックの免疫系に関する検査を命じる。医療はそうした検査に頼るようになっていた。遺伝子の文字全体を一網打尽に調べるのではなく、いくつもの小さなスナップショットを通して患者の体内の様子を覗きみるのである。どこに目を向ければいいか、問題の原因となりそうな遺伝子は何か、医師が知っているならこの方法でもうまくいく。しかし、それがはっきりしていなければ、いくら検査をしたところで当て推量より多少ましという程度にしかならない。それこそがまさしく、グロスマンやほかの医師たちの現状だった。

のちにグロスマンはこうふり返っている。「できる検査はなんでもやりました」。だが、困難な症例になればなるほど情熱を燃やすこの医師が、ニックのケースでは次のように認めざるを得なくなる。「検査結果が返ってくるたびに、全体像がますますわからなくなっていくんです。……まさに一〇億人にひとりレベルの稀な症例でした」[2]

免疫系に問題があるのだとすれば、治療できる可能性が開けてくる。免疫系が根本的におかしくなっていて、免疫細胞が自分の体を攻撃して腸に穴をあけているのだとしたら、骨髄移植でニックにまったく新しい免疫系を与えれば解決するかもしれない。その場合、まず抗がん剤に使うような強力な化学療法薬を大量に投与して、いったんニックの免疫系を完全に破壊する。それからドナーの正常な骨髄細胞を注入する。骨髄は骨の内部にあるスポンジ状の組織で、血液細胞をつくる働きをもつ。移植がうまくいけば、ニックの体はまったく新しい免疫系を一から築くことができる。欠陥のない免疫系を。少なくとも、そう期待できる。[3]

骨髄移植はけっしてめずらしい処置ではないものの、やはり危険を伴う。古い免疫系から新しい免疫系に移行するまでのあいだは、ありとあらゆる感染の脅威にさらされる。そのうえ、移植された骨髄細胞をニックの体が拒絶するおそれもあった。グロスマンの見解では、移植がうまくいく確率は五〇パーセント。下手をすればニックに危害が及び、命を落としてもおかしくない。

医科大学と小児病院における移植医療の専門家に相談したところ、骨髄移植は許可できないとの答えが返ってきた。この処置を軽く考えるべきではなく、診断のつかない子供に実施するのは勧められないというのである。治そうとしている問題が何かも理解していないのに、危険な治療を施すのはおかしい、と。

「なんらかの欠陥も一緒に移植してしまったら、子供が死ぬかもしれないんです」とグロスマンは説明する。「自分が相手にしているものの正体をまず知らなくてはいけません」

まさに医療の板挟みである。病院ではあらゆる検査を実施し、ほぼすべての治療法を試した。残るは骨髄移植だけである。しかし、病気が何かもわからないうちはそれに踏みきることができない。前年の一〇月にニックが退院したからといって、何かが解決したわけではない。少し時間が稼げただけだ。

案の定、退院から三か月が過ぎる頃にはまた絶望のサイクルが回りはじめる。二〇〇八年二月、ニックはウィスコンシン小児病院に戻ってきた。直腸のあまりの痛さに悲鳴を上げたのである。結腸には、前にはなかった場所に病変が現われていた。医師たちはニックの血液を調べ、寛解期〔病気そのものは完治していないが一時的に症状が落ちついた状態〕が終わったとアミリンに告げる。病が再び目を覚ましたのだ。

ニックが病気になってからすでに一年四か月。アミリンとショーンは、自分たちにのしかかる恐ろしい現実の本当の重さを感じはじめていた。

二月一一日――免疫学の先生にまたいわれた。ニッキーの病気は未知のものに間違いなく、アメリカでも世界でも報告された例がない、って。……ニッキーの回復の見込みはまた「不明」に戻った。あの子をどうすればいいのか、先生たちはまた途方に暮れている。こんな症例は誰も見たことがないのだという。なかには「ただ当てずっぽうで処置をしているだけだ」と話す人もいる。

一か月後、謎の病気は広がっていた。ヴォルカー夫妻は、シンシナティ小児病院医療センターでサードオピニオンを聞いてはどうかと勧められる。だが、さらに悪い知らせが続く。五月に入るとニックの体重が再び減りはじめた。家のソファに座ったまま、じっと動こうとしないときもある。シンシナティの病院はすぐにはニックを受けいれられず、早くても夏の終わりになるという。おまけに、シンシナティに行くには保険金で費用を賄いたいのに、その承認が保険会社からなかなか下りない。

六月、ニックはまたウィスコンシン小児病院に入院する。衰弱が激しく輸血が必要だったが、輸血中に心停止を起こすことをスタッフは恐れた。ニックはすでに三歳半を過ぎているのに、体重はわずか八・六キロまで落ちていた。同じ年齢の平均は一五・四キロである。

さらに医師たちは、今度はニックが「リフィーディング症候群」を発症していると告げる。この病気は、第二次世界大戦後に初めて報告されたものだ。フィリピンで敗戦を迎え、飢餓状態にあった日本軍の兵士が、投降後再び栄養をとったときに起きた。重度の栄養不良のあとで急に食物を体に入れたため、代謝に異常が生じたのである。この症候群にかかると、脳や心臓、肺などに合併症が現われることもある。

この診断を聞いて、ヴォルカー夫妻には最近のニックの様子が腑に落ちた。息子の腹は膨れ、手足の骨が浮きでて、飢饉（ききん）の被害者のような姿だったのである。病院で一か月がすぎ、ふた月目に入る。ニックは三九・四度の熱を出した。よく眠れなくもなる。骨髄の検査をしてみても、やはり少年がかかっていない病気がわかるだけだ。ウイルスはなし、がんの徴候もなし。医師たちが口にできるのは推測しかない。

この年、グロスマンは小児医療にもっと大きな貢献をしたいと、ウィスコンシンを去って製薬会社のメルクに移る。もてるものをすべて出してニックの治療にあたったが、力は及ばなかった。もはや病気が勝利を収めつつあった。

「大勢の患者を置いていくのはつらかったですね」。グロスマンは当時を回想する。「とくにニックのことが気がかりでなりませんでした。私が病院を去ったとき、あの子ほどひどい状態の患者は数えるほどしかいませんでしたから」

八月、シンシナティ小児病院医療センターの受け入れ態勢がようやく整う。この病院は炎症性腸疾患の治療で全米にその名を馳せていた。炎症性腸疾患センターの医長であるリー・A・デンソンは、長年この疾患の原因を分子レベルで研究している。発育不全についても詳しく、ニックを診察して早々に指摘したのもそれだった。

デンソンは同僚とともに、様々な血液検査や遺伝子検査を実施する。しかし、マディソンでもミルウォーキーでもそうだったように、ここでも医師たちは頭を抱えた。これといった遺伝子の異常が見つからないのである。

数年後、デンソンはこうふり返ることになる。「ニックの状態は、これまでに私たちが診たなかで間違いなく最悪の部類に入りました。多少なりとも体重を増やすのに、普通の子供の倍の量の栄養を与えなければならなかったのです」

シンシナティの医師たちが下した精一杯の診断は、ニックがなんらかの免疫疾患にかかっているというもの。リンパ球（白血球の一種）が何かの理由で過剰に働いてしまい、腸壁細胞を攻撃してひどい炎症を起こさせていた。ヴォルカー夫妻はシンシナティからの意見書を手にウィスコンシンに戻る。そこにはこう記されていた。もっと栄養をとらせ体力をつけてから、結腸の罹患部分を切除してはどうか。炎症のひどいところを取りのぞけば、ニックの痛みは大幅に軽減するというわけだ。

しかし、アミリンとショーンはこの提案を聞いて恐怖に青ざめる。一度切ってしまったら、二度ともとには戻らない。自分たちの息子が消化器系の大事な部分を失うなんて、夫婦にとっては考えたくないことである。もっともこれは心理的な抵抗の部分が大きく、医療の見地からはけっして乱暴なことではなかった。

実際、ニックの大腸や肛門周辺は病気による損傷があまりに激しく、どのみち病気前の機能を取りもどせる見込みは薄い。ニックの大嫌いなシャツの下の袋、つまり排泄物を受けとめる袋にしても、今だけ一時的に我慢すればいいというものではない。この先も一生ついてくるのである。[4]

ニックにこれ以上の代償を払わせる前に、病気の正体を突きとめられるのか。今やそれが問われている。ニックが病気を治して成長し、昔のようにやんちゃで元気な少年として家に戻れるかどうかが、医師たちの肩にかかっていた。

10 隠し事はもうおしまい ―― 二〇〇八年

まだニックがマディソンのウィスコンシン大学付属小児病院にいたとき、アミリンは医師が息子の色々なことを決めてもそれを不服には思っていなかった。なんといっても専門家は向こうであって、自分は血にも体液にも弱いただの母親にすぎなかったからである。だがニックの病気が長引くにつれ、もっと医師たちに強く出てもいいと感じるようになった。

アミリンからすると、医師も看護師も自分を闇のなかに置きざりにしてばかりいる。息子の経過や治療についてもっと知りたいし、そうする必要があるというのに。皆、頑張ってくれてはいるが、このままではニックを失ってしまう気がしていた。新たな治療が失敗するたび、自分も医者に劣らずニックの病気のことを知っているという気持ちが強くなっていく。確かに検査に関しては彼らのほうが詳しいし、病気がどう進行するかについても数多くの事例を経験しているだろう。でも今は立ち往生しているではないか。それに、どんな医師よりも自分のほうがニックの病気をよく見ている。母は息子の病気から離れて休暇をとるわけにはいかないのだ。自分をかかわらせないのは間違っている。アミリンはそう確信する。

さらには別の問題もあった。アミリンには、医師や看護師が自分を軽んじているように思えてならないのである。アミリンは病院での日課として、きちんと化粧をし、ビジネスウーマンのようなスーツを着て、何時間もインターネットでリサーチする。それもこれも、自分がふざけた人間などではなく、頭がよく、ニックのケアに関する話し合いに加える価値があると納得させるためだ。それなのに、状況が改善している気がしない。相変わらず蚊帳の外に置かれたままだ。視線を向けられたり、いいように使われたりすることはあっても、耳を傾けてもらえることがない。

ある日、あまり好きではない看護師のひとりがアミリンを脇に引っぱり、紙を一枚手渡した。そこには、胸を小さくする手術を手がける外科医の名前が書かれている。行ってみたいんじゃないかと思って、と看護師はいう。アミリンはこんな真似をされて腹が立ったものの、それも一瞬のことだった。それから考えはじめる。

だいぶ前から薄々感じていたのだが、看護師たちはアミリンの胸が大きいことを陰で噂しているようだった。明らかに目のやり場に困っている様子の医師もいる。みんな、自分の胸を見て人間性を決めつけているに違いない。意地悪のつもりか何かは知らないが、アミリンは看護師の提案を真面目に検討することにした。これだけ気をつけてふるまっていても、まだ自分の外見が息子の医療にこんなかたちで影を落とす。アミリンにはそれが悔しくてならない。でも胸を小さくすれば、みんなが自分に一目置いてくれるようになるのではないか。輪から締めだすのではなく、ニックの治療に関する話に自分を加えてくれるのではないか。

じつはアミリンがまだ一〇代の頃、父親からそういう手術を勧められたことがある。そのときははねつけたものの、今はそれも一理あるような気がしてきた。自分の息子が病気で苦しんでいる最中にそんな手術を受けるなんて、妙な理屈に思えるかもしれない。だが母親としては、息子の助かる可能性が高まるならなんでもしたかった。

病院にいると、些細なことですぐ無力感に苛まれる。手術を受けてそれが多少なりとも楽になるなら、少しでも疎外感が薄らぐなら、それくらいはたやすいことだ。

ニックが謎の病気にかかってから二年、息子に色々なことが起きるのをほとんどなすすべもなく見ているしかなかった。食べ物を口にできないことにも、腸に穴があくことにも、家を離れて病院で長期間過ごさなければならないことにも、アミリンの力は及ばない。

でもニックのために、ニックに代わってものをいうことはできる。自分で調べ、インターネットで情報を集め、親族の医師たちに意見を求めることもできる。病院の医師や看護師が自分をチームの一員と認めないなら、向こうがもっているイメージを変えてやればいい。すでに食事に気をつけ、運動をし、病院内で着る服に注意して、いい印象をもってもらえるように努力してきた。それはスタッフも見てきている。今度は胸を小さくすることもそこに加えてやろう。アミリンはそう心に決める。

この思いきった決断の裏には、前の年にニックが敗血症で生死の境をさまよったときの無力感を埋めあわせたいという気持ちもあったかもしれない。あの日の夜、アミリンはただただ呆然としていた。スタッフがどれだけ慌てふためいているかにも気づかなければ、モニターに映る不吉な信号の意味も理解できない。息子の具合がひどく悪いことはわかっていても、ニックが本当に死ぬかもしれないなどとは思ってもいなかった。

取りみださずにいられたのは、フェイス（Faith）という名のベテラン看護師が的確な看護をしてくれたおかげもある。その名前は、ニックがもちこたえることを予言しているように思えた〔faithには信仰・信念といった意味がある〕。ところが翌朝早く、ニックは別の病棟に移されてフェイスはいなくなってしまう。スタッフに尋ねても、決まったことだからと取りつく島もない。アミリンは理由もわからぬまま、ただそれを眺めているしかなかった。

これはアミリンにとってだけでなく、ニックにとっても唐突な変化だった。これが息子の健康になんらかの悪影響を及ぼすのではないかと母は危ぶんだ。確かに些細なことかもしれない。しかしこれがニックを混乱させ、頑張る気持ちを挫き、間違った薬を飲ませたときと同じくらいに弱らせてしまうおそれだってある。

自分も息子も他人の芝生の上に置かれているのだ。この病院は年間何万人もの患者を受けいれているので、すべてが滞りなく進むように様々な規則や手順を定めている。[1] だが、それはたいてい医師や看護師を楽にするためのもので、患者や家族のためのものではない。アミリンはそう確信するようになっていた。

病院で暮らしていると、人は「開いた本」も同然だ。誰もが中を覗きみることができる。色々な書類に署名し、通院歴や治療履歴を作成すれば、そこにある情報は全員に筒抜けだ。子供のことも、家族のことも、自分自身の過去のこともだ。医師も看護師もほかのスタッフも、息子の部屋にしじゅう勝手に出入りする。プライバシーなど何もない。トイレに行って戻ってくれば、会ったこともない人がニックを見下ろしていて、質問をし、なんの説明もなく血を採る。病院のスタッフが人の人生に好きなように踏みこんでこれるのなら、こちらも同じように意思決定に入れてもらえなければ話がおかしい。

なのにアミリンにはそれが許されていない。ときには医師たちの最新の仮説を看護師を通して聞くこともある。自分が物事を一番最後に知らされていると思うこともある。アミリンにも病院からつかのま離れて、向かいのドナルド・マクドナルド・ハウス〔子供の治療につき添う家族のための滞在施設〕の自室で休むときがあった。ここは重い病気の子供を抱えた家族にとって、第二の家とも呼ぶべき場所だ。するとそんなときに限って薬が変更になったり、ニックの容体が急変したりする。そうなれば、聞き覚えのない声でいきなり電話がかかってきて、すでに起きたことを告げられるだけだ。次々と押しよせる新しい情報をなんとか把握しようとすることで、ふと気づけばいつも頭がいっぱいになっている。

息子の治療がどういう経過をたどっているかが、自分に秘密にされているように思えるときもある。アミリンは隠し事が大嫌いだった。それには、大昔の経験が影響している。

幼いとき、アミリンは大きな秘密を抱えることを余儀なくされた。母のネドラが家を出たのである。初めは一か月で戻ってきたが、それからもっと長い期間にわたって何度も家を空けた。アミリンが幼稚園に上がる頃には、ネドラは自分でアパートを借りて家族と離れて住むようになっていた。その後も父と母の関係は断続的に続いてはいたものの、アミリンが一二歳のときについに離婚する。

にもかかわらずアミリンには、ふたりがそれを必死に隠そうとしているように思えた。破綻のない家庭というきちんとしたイメージを、厄介な真実で穢(けが)したくなかったのだろう。母は別の場所で暮らしていながら、客があれば帰ってきてもてなした。ウィスコンシン州中南部のモンローにある、柱の白いスキップフロア〔床面の高さを半階分ずらしながら建築する方法〕の家に。[2]家の裏庭でパーティーを開き、有名なジャズトランペット奏者を招いて演奏してもらったときも、ネドラはその場にいた。地元のカントリークラブで、元夫や子供たちと夕食をともにすることもある。アミリンをマディソンの絵画教室に連れていくこともあれば、自分が出演する前衛的な劇団のリハーサルを見せることもある。子供たちには「ママ」ではなくファーストネームで呼ばせた。カフタン〔中東諸国などで着用される長袖で丈の長い前あきのゆったりとした服〕やガウチョパンツを身につけ、高級デパートの一〇〇〇ドルもする衣装を愛用する。どれも、友人の自家用機でニューヨークやシカゴへ買い物旅行に行って購入したものだ。進歩的で物事を決めつけず、偏見に囚われず、モンローに住むどんな母親ともまったく違っている。モヒカン刈りだ。

の頭に、長く光る爪。この奔放な女性に刺激を受けて、アミリンの友人たちが詩を書いたほど

ネドラが家にいたりいなかったりしていても、離婚したことは伏せられた。家族同様のつき合いをしている友人たちにすら明かされない。一家がフィリピンに行って親族の金婚式を祝ったときには、もうママとパパが一緒に暮らしていないことを口にしてはいけないと、アミリンも兄や姉たちも釘を刺された。

アミリンは両親の離婚のことも、風変わりな関係のことも、友人には話さなかった。家を訪ねてきた者は、ただ母親を見かけることが少ないと思うだけだった。

父母両方の役割を担ったのは、ほとんどが父親のフェルナンドである。アミリンは父と一緒に病院付属の教会の礼拝に出席し、そのあと父の回診について回った。スケートボードで転んだときには、父が家で傷の手当てをしてくれた。放課後に家の鍵をなくしたときには病院に行き、父がイボを焼いたり、切り傷を縫ったりするのを見ながら仕事が終わるのを待った。

フェルナンドはスペイン系のフィリピン人。黒髪にはウェーブがかかり、身なりには一分の隙もない。アミリンのファッションセンスは父譲りだ。アミリンが一〇代の頃、フェルナンドの病院の同僚がアミリンに「ドリー・パートン〔アメリカのカントリー歌手。胸が大きいことで有名〕」というあだ名をつけた。そのあだ名がもちだされたのは会議中のことで、フェルナンドは決まりの悪い思いをする。以後はそのことが気になって仕方なかった。それもあって、アミリンに

胸を小さくする手術を勧めたのである。
アミリンの胸が目立つのは間違いない。ハワイに住んでいた二〇代の頃は、それを利用したものだ。ビキニコンテストにも出場したし、有名通販会社の水着モデルを務めもした。ウォッカメーカーのスミノフ社のヨットに「ミス・スミノフ」として乗りこんだときには、裕福な実業家の接待をして週末だけで四〇〇〇ドルを稼いだものである。プロのアメフト選手から、一緒に写真を撮ってほしいと頼まれたこともあった。モデルの経験を生かしてマーケティング会社を立ちあげ、アメフトのオールスターゲームや、ビーチバレーのイベントにも携わった経験がある。

だが、長い年月が過ぎた今、豊満な体つきなど病院ではなんの得にもならないというのがアミリンの結論だった。ニックを連れて検査室に入るときも、ふたりで廊下を歩いているときも、ニックの病室に顔を出したときも、皆の目がまずどこに向けられるか、アミリンはしっかり気づいていた。

アミリンには腰痛があるわけではない。だから胸を小さくするのは、ひとえに息子の代弁者としてもっと力を発揮できるようにするためだ。それで医師との関係が改善されて、ニックのプラスに働くことが大事なのであって、ほかのことはあとで心配すればいい。

アミリンは手術を決心する。そして二〇〇八年の春、保険会社からの承認が下りたあと、ミルウォーキーの病院に行って日帰りの手術を受けた。翌日、自宅で痛み止めの薬が切れたとき、アミリンは痛みにうずくまった。動きまわったり、ニックを抱きあげたりすると、つらさが増すばかりである。

娘たちは手術に気づいていたものの、アミリンにはなんの反応も見せない。ショーンは完全に納得したわけではないが、アミリンはすっかり満足していた。というのも、思いきった決断に報いるかのように、病院では嬉しい変化が即座に現われたからである。

「誰もが私への対応を変えました」。アミリンは当時をそうふり返る。

アミリンのほうも医師や看護師への対応を変えはじめる。考えれば考えるほど、人まかせにせずに自分で事に当たる必要があるとの思いが強くなっていった。重要な変更がなされる場合には、かならず事前に自分に相談させる。しかもそのことをお願いするつもりはない。要求するのだ。

今や、医師が新しい薬や新しい診断の話をもちだしたときにあらかじめ聞いていなければ、新たに得た自信とともに前より厳しく理由を問いただした。ニックの治療に不満があれば、はっきりそれを口にする。必要と思えば自分から呼びかけて会合を開き、病院の幹部にも連絡をとる。果ては、担当医を入れかえたりするようにもなった。

それのどこがいけない？　医師や看護師には能力の差がある。自分の息子には最高のスタッフを揃えたい。向こうがそれを気に入ろうが気に入るまいが、知ったことではないのだ。やるからには片時も気を抜くわけにはいかない。アミリンは固くそう信じていた。あるとき、高気圧酸素治療がニックに効くのではないかと思い、同じ病院でその治療を専門とするハリー・ウィーランに依頼したいと考えた。高気圧酸素治療は、気圧を通常の二〜三倍に高めた装置内で行なわれる。この治療を受けると、体内の成長因子〔ホルモンなど、微量で細胞の成長や増殖を促す物質〕や幹細胞が刺激され、傷の治癒力が向上するなどの健康上のメリットが期待できる。ウィーランが多忙で、通常のルートで頼んでもスケジュールを割いてもらえないとわかると、アミリンは別の手段に出ることにした。そしてある日、病院の近くに車を走らせ、大きな太い眉の男性が汗だくでジョギングしているのを見つける。ネットで写真を確認していたので、それがウィーランだとすぐに気づいた。ニックの主治医が聞いたら嫌な顔をするのはわかっていたが、アミリンは車を寄せ、窓をあけて、予約を取りつけた。

またあるときは、ニックの鼻のチューブを入れるのに手際の悪い看護師がいた。アミリンは丁寧な言葉ながら断固とした調子で、やり方が間違っているから部屋を出ていってほしいと告げた。そのとき、娘のレイラニは弟の見舞いに来ていてこのやりとりを目にし、看護師が心底怯えた様子だったのを覚えている。のちに母にそう伝えると、アミリンはそんなことはないと返した。「だって、ちゃんと丁寧に『出ていってもらえますか?』っていったでしょう?」

しかし、母がこれだけ奮闘しても、息子の状態にはほとんど変化がみられない。ニックは二〇〇八年の大半を病院で過ごしている。しだいにアミリンは主治医のマイケル・スティーヴンズへの不満を募らせていった。スティーヴンズから連絡をもらうことも、実際に会うことも、あまりに少ないように思える。この医師がわざとアミリンを締めだして、何が起きているのかも、この先どんな治療法を試そうとしているのかも、はっきり知らせないようにしているのではないか。そう勘繰りたくなることも多かった。アミリンは主治医をすげ替えたいと考えるようになる。

候補のひとりはアラン・メイヤーだ。背が低く、黒い髪をしたエネルギッシュな小児消化器医で、優しいながらも決然とした物腰が印象に残る。アミリンとニックは、当直中のメイヤーに会ったことがあった。

ほかの医師についてもすべてそうだが、アミリンはインターネットでメイヤーの資質や能力を大まかに把握した。素晴らしいと思ったのは、メイヤーが医師の資格だけでなく博士号も取得している点だ。患者を診るだけでなく、研究も行なっている。ニックのような複雑な症例を扱う場合、研究の経験が役に立つかもしれない。メイヤーは名門コーネル大学で学位をとっているうえ、フィラデルフィア小児病院、マサチューセッツ総合病院、ボストン小児病院、さらにはハーバード大学で研究員や研修医として勤務したことがある。あまりに詳しく調べたので、アミリンは後々になっても大学名や病院名を空で淀みなくいえたほどだ。

堂々たる経歴とは裏腹に、メイヤーは口調が柔らかだ。自分の考えをアミリンに話してくれるし、人の言葉に耳を傾ける。ニックの扱いもうまかった。一部の医師とは違って、患者や家族といい関係を築こうとするタイプでもある。

ところが、今の主治医に代わって息子の治療を引きうけてほしいと実際にもちかけたとき、メイヤーは二度とも言葉を濁した。

ニックは四歳と数か月になったのに、まだ体重は九キロに満たない。二〇〇八年だけですでに二八回手術室に行った。しかもそれで終わりではないのだ。[3]

気づけばアミリンは、以前なら考えもしなかったような場所から抜けられなくなっていた。先の見えない状況のくり返しのなかに。一時的な治療を試みるだけで、長期的な解決策が得られない悪循環のなかに。これだけ医師や看護師がずらりと顔を揃えていて、ひとりとして息子の病気の正体をいうことができない。そんな状況になるなんて、夢にも思っていなかった。ニックの病気ほど恐ろしい秘密があるだろうか。

でもアミリンは変わった。今度はニックへのケアが変わる番だ。悪循環を断つ何かを、そして現状を打破してくれる新しい誰かを求めて、アミリンは祈った。

11 生きのこり——二〇〇九年二〜三月

アラン・メイヤーはアミリンからの要請を何度も検討し、どうするべきかと悩んだ。ニック・ヴォルカーの母親は、主治医としてニックの治療を引きうけてほしいといっている。この少年と謎の病気は、医師にとってやりがいのある大きな挑戦かもしれない。だが、ほかの医師に相談しても、誰も背中を押してくれない。皆のいわんとするところはひとつ。「ニックのケースは負け戦（いくさ）だ。あの子はいずれ死ぬ。そうしたら責められるのはお前だ」どの医師も、この子の死という重荷を背負いたくないのである。

メイヤーはニックに深い同情を感じていた。短い人生のかなりの時間を病院で過ごし、苛酷な病におかされ、現代医学の持ち駒をことごとくはねつけている。もはやニックの前では医療の限界を謙虚に認めざるを得ないような、そんな状況になりつつあった。

それでもメイヤーは、ニックへの同情と同じくらい強く、母のアミリンに警戒心を抱いていた。

病院内の噂に聞くアミリンは、患者と医療スタッフのあいだの境界線を尊重せず、スタッフをいいように利用したり、彼らに無理強いをしたり、議論を吹っかけたりして反感を買っている。何人か看護師を泣かせたこともあるという。

のちにメイヤーは当時の心境をこう表現している。「警戒するのも無理はありませんよ」

しかし、その気になれば自分も手強い相手になれる。メイヤーはそう思った。アミリン同様、メイヤーも頑固で意志が強く、少しのことで挫ける人間ではない。アミリン同様、メイヤーも様々な人間から多くを学んできた。

両親がふたりともホロコーストの生きのこりだったため、運命や確率というものに強く心惹かれる傾向がメイヤーにはある。父親はウクライナのドロホブィチで、ある家の地下室の下に掘った隠れ家に一年半潜み、ナチスの魔手を逃れた。隠れ家には、その家の暖炉と町の下水道を通じてしか空気が入ってこない。戦前、ドロホブィチには約一万七〇〇〇人のユダヤ人が住んでいた。終戦の時点で生きのびていたのはわずか一五〇人程度であり、うち五〇人ほどが同じ隠れ家にいた。

母親のほうはポーランドの首都ワルシャワ近郊のヴィシュクフに暮らしていた。だが、ナチスの侵攻を受けて何人かの親族とともに町を離れ、同じポーランドでもソ連軍の支配下にあった地域に逃げこんだ。母方の祖父は、侵攻後数日のうちにドイツ軍に殺されている。難を逃れた母親と親族はシベリアに送られ、戦争が終わるまでそこにとどまった。[1]

メイヤー自身はニュージャージー州の郊外の町で生まれ、それからフロリダ州南部に移った。少年時代は、両親がホロコーストをかいくぐった物語を聞かされて育つ。子供の頃から数字に対する才能をみせ、算数や理科に秀でていたため、自分がこうして存在しているのがほとんどあり得ないような確率だと思うことがあった。生きているだけで信じがたいほどに幸運であり、その幸運には責務が伴うことも十分に自覚していた。与えられた機会を少しでも無駄にしないように生きるのが自分の務め。メイヤーは生涯そう考えるようになる。

「こんなふうに育つと、自分がこの地球にいることには目的があるという気持ちに幼い頃からなるものです」とメイヤーは語る。「両親ともがそれだけのことをくぐり抜けて生きのびるなんて、途方もなく低い確率です。だから、自分はこの上なく幸運だと感じるんです。友人の家では、両親はたいてい大学時代に出会っています。自分の生存が脅かされた経験もありません。でも私の両親の場合は、とてつもなく強大な力がいっせいに襲いかかってきたのです」

幼い頃、メイヤーは何かを分解するのが好きだった。ふたり兄弟で弟がおり、ある年その弟が誕生日にリモコンで走るおもちゃのパトカーをもらった。三日後、メイヤーはようやく弟の隙を見計らい、こっそりパトカーをもち去ってばらばらにする。そして、どうやって動いているのかを突きとめた。成長すると科学と医学の両方に心惹かれていき、以後も両方の世界から離れないように努めていく。

メイヤーは科学を愛してはいたが、そこには科学特有のもどかしさがつきまとった。ひとつの発見によって新たな地平が開けても、そこで終わらずにさらなる発見が続いていく。自分が何を見つけたところで、それは遅かれ早かれ誰かが気づくべきものだったのではないか。ついそういう心境に陥りやすい。研究は一足飛びに進展するとは限らず、むしろ普通は亀の歩みのように少しずつ進んでいく。一方の医療は、研究では得がたい切迫感を味わわせてくれる点に魅力があった。病院での勝利はすぐ目に見えるかたちで現われ、ひとりの人間のためのものであり、何をもって勝利とするかも判断しやすい。患者が助けを必要としているのは今であって、二〇年後ではないのだ。

「一日を終え、胸になんのもやもやも残らず、自分が誰かを助けたと確信しながら家に帰る。医療の素晴らしさを感じるのはそういうときです」

その代わり、命が失われたときには断腸の思いに苛まれ、医師が神でもスーパーマンでもないという現実を突きつけられる。メイヤーはフィラデルフィア小児病院とボストン小児病院で研修医として働いていたとき、そのつらさを嚙みしめることとなった。優秀な病院であればあるほど多くの患者を引きつけ、その分、恐ろしい病気や謎の病気を抱えた患者の数も増える。

「病気と向きあっていると、人間はずいぶん謙虚になるものです。規模の小さい病院だと傲慢になりがちですがね。ボストンには、よそで治らなかった子供たちが全国から集まってきます。病気の前では、医師の力など小さいものです」

子供が死ぬと、「無力さを思いしらされる」などというレベルでは済まない。とくにメイヤー自身が父親となってからはそうだった。メイヤー夫妻には娘と息子がひとりずついる。病気から子供を救ってやる手立てが見つからないとき、頭でもどかしさを感じるのを超えて、絶望の淵に叩きおとされた。子供がひとり亡くなるたび、自分を親の立場に置いた。親の悲しみを身にまとい、それを鉛のスーツのように着て歩いた。死に接するたびにこんなふうに苦しむうち、自分はとても小児がん病棟では働けないと悟る。そこではすべての子供が死と向きあっているのだ。

代わりにメイヤーが選んだのが消化器医療である。無力感に苛まれていた医師にとっては、じつにふさわしい専門分野だ。消化器系は複雑で、その仕組みはまだ十分には解明されていない。

物をいじくり回すのが好きな点も、この仕事には向いていた。幼い頃におもちゃを分解し、部品同士の関係を調べたあの情熱は、やがて遺伝学に対する強い興味へとつながっていく。病気が体のなかでどのように起こって、どのように進展していくのかを調べるときには、根本にある分子レベルの指示に自然と目が向いた。つまり、遺伝子からの指示である。

遺伝学と消化管というふたつの分野への関心から、メイヤーはマサチューセッツ総合病院とボストン小児病院でポスドクとして働くことになる。マサチューセッツ総合病院ではマーク・フィッシュマンの研究室に所属した。フィッシュマンはゼブラフィッシュを使った研究の先駆者であり、のちに製薬会社ノバルティスのバイオメディカル研究所で所長を務める人物だ。ゼブラフィッシュはモデル動物として人気があり、とくに遺伝子の機能を調べるのに適している。メイヤーはゼブラフィッシュの消化器系に的をしぼり、その発達に最も重要な役割を果たす遺伝子は何かを追った。

同じ廊下の数室先には、つい最近まで新進気鋭の若き遺伝子研究者のオフィスがあった。その人物は、研究室こそ別のところに所属していたものの、やはりフィッシュマンの研究を手伝っていた。それがハワード・ジェイコブである。ラットとゼブラフィッシュの遺伝子地図を作成する研究に携わり、メイヤーが面接を受けたときにはまだ病院に在籍していたが、メイヤーが着任する少し前にウィスコンシンへと去っていた。メイヤーはジェイコブの評判を聞いていたし、自分も同じ道を歩んでいるといえなくもないことに気づく。しかも、ジェイコブが研究で使用していた装置類の一部をメイヤーも使っていた。

ポスドクとして数年働くうち、メイヤーもまた、よりよいキャリアを模索しはじめる。当時は研究のかたわら、ハーバード大学医学大学院で教えてもいた。ハーバードに残りたい気持ちはあったが、自分の研究室がもてるところまではまだ昇進できていない。当時は二〇〇三年であり、父親として幼い娘と息子のことも考えなくてはならなかった。昇進のためにハーバードを離れるのであれば、テネシー州のヴァンダービルト大学かセントルイスのワシントン大学がいいと狙いを定める。

ところが同じ時期、思いがけないところから誘いを受けた。ウィスコンシン医科大学である。小児消化器学・栄養学部の学部長が研究者を探していて、そこの同僚がメイヤーを推薦したのだという。しかしウィスコンシンは、若き医師が検討するような場所とはいいがたい。「ペンシルベニア大学やハーバードにいたことがあるのに、自分のキャリアをミルウォーキーの小さな医科大学に託すなんて。どう言葉を選んでも、『自分の夢とかけ離れている』としかいいようがありませんでした」

ヴァンダービルト大学とワシントン大学は標準的な契約内容を提示してきた。一方、ウィスコンシン医科大学のオファーにメイヤーは度肝を抜かれる。「どうかしているんじゃないかと思うほどの気前のよさでした。私に研究室をつくらせるために、ほかのどことも桁違いの金額をくれるというんです」

ウィスコンシン医科大学はメイヤーの研究室のために、一〇〇万ドルあまりの予算をつけると約束した。大学の周辺についても調べてみると、ミルウォーキー北側の郊外にはいい学校と手頃な住宅があるとわかる。

同僚はメイヤーがウィスコンシン行きを検討していると知り、それは間違った選択だと説いた。優秀で将来有望な若手医師にはしっかりした環境がいる。そうでないと、どんなに優秀でもそれを生かしてもらえない、と。これは、ボストンを離れる前にジェイコブが聞かされたのと似たような言葉だ。ジェイコブと同様、メイヤーもそれを無視することにする。ただし、その理由はジェイコブとは違った。医師としてだけでなく、研究者としても活動させてもらえそうだったからである。

ウィスコンシン医科大学ならその両方ができるとメイヤーは思った。医科大学の教員の多くがそうであるように、メイヤーの場合もウィスコンシン小児病院の仕事を兼務することになる。二〇〇三年に着任した当初は、時間の九割を研究に費やし、残り一割を病院での仕事にふり向けた。ゼブラフィッシュや、消化管の発達に関与する遺伝子の研究も継続した。まさに望んでいたとおりの職場。少なくともしばらくはそう思えた。

だが、二〇〇七年から〇八年にかけて、研究を取りまく環境が変わってくる。政府の助成金が減りはじめたのだ。助成金獲得率も三〇パーセントから一〇パーセントへと下がってきている。おまけに、当時の経済危機のあおりを受けて失業者が増えたために、病院が受けとる診療報酬は民間の保険会社からのものの比率が下がって、メディケイド〔州と連邦政府が共同で行なう低所得者や身体障害者のための医療保険制度〕からのものが増えていた。メディケイドの診療報酬は民間のものより低いため、病院は収入増のための方策を模索しなくてはならなくなる。[2]

二〇〇九年二月、医科大学はメイヤーに、研究のために確保していた予算がもう使えなくなると告げた。既存の数件の助成金についてはこの方針変更の影響を受けないので、それをもとにあと一年は研究を続けられる。それでも、ミルウォーキーでの仕事はこの先ほとんど診療だけになるしかないのだと、メイヤーははっきり悟った。一七歳で研究を始め、最初の論文を二〇歳で発表し、これまでずっと大切にしてきた研究の仕事。それがもう終わる。

メイヤーは別の都市に移って別の職につこうと考えた。そして、その仕事探しのさなかに提示されたのが、医師にとっての大きな難題、ニック・ヴォルカーだったのである。

メイヤーには適任といえる側面が少なくともひとつある。科学を通して、なかでも疾患モデルとしてのゼブラフィッシュの研究を通して、大事なことを学んでいたからだ。それは、何かが通常から逸脱しているときにそれを正しく認識することである。人は考え方の枠組みに囚われがちだ。しかし、枠組み自体が間違っていることもある。その最たる例がニックだろう。主流となっている理論の枠組みに、この少年はことごとく当てはまらない。

メイヤーは医師として、子供の手当てをするのが好きだ。難しい病気を抱えている子に対してはとくにそうである。それでも、ニックのような患者は見たことがない。それをいうなら、アミリンのような親も。

二週間のあいだ、話を受けるべきかどうか悩むが、ある出来事がきっかけとなってしだいに気持ちが固まっていく。それは二〇〇九年三月、雲に閉ざされた陰鬱なある日の午後のこと。メイヤーはニックの治療について話しあう会議に参加した。ニックの担当医数名と、母アミリンの顔もある。メイヤーは最初の四五分は口を開かず、ほかの医師がニックの状況について説明するのを聞いていた。ニックの腸には相変わらずいくつもの瘻孔ができている。瘻孔は皮膚の表面に通じてその部分が傷のようになっているのだが、そこから便が漏れつづけているために傷はいっこうに治らない。医師たちが提案するのは、すでに試した方策ばかり。もっと時間をかければ、うまくいく見込みがあるのではないかという。続いて骨髄移植についてより多くの議論がなされたものの、例によって同じ壁に突きあたるだけ。つまり、ニックの免疫系の異常が既知の欠陥に該当しないため、依然として病名を診断できていないということである。診断がつかなければ、危険な処置を承認するだけの正当性を移植医が認めてくれない。仮に診断がないことに目をつぶってくれるとしても、無視できない重要な問題がひとつある。移植に耐えられるだけの体力がニックにないということだ。

ほかの医師の意見をひととおり聞いたあと、メイヤーは自分の考えを述べた。つい先日、ニックの胃腸管を調べる機会があったが、炎症の抑制がうまくいっていないのは明らかだ。何か新しいことを試す必要がある。おそらくは新しい薬を。それでも改善しなければ、外科的処置という選択肢を検討せざるを得ない。現時点でその処置の中心となるのは、結腸の切除だ。今なおアミリンを悩ませる、後戻りのできないプロセスである。最後にメイヤーは、骨髄移植が認められるためには具体的に何が必要なのかを、移植医に明確に示してもらわなくてはいけないと締めくくった。

メイヤーが一番いいたかったのは、現状はとうてい容認できないということである。今までとは違う手を打つ必要がある。ニックの結腸を切除するのは、たぶん避けてとおれないとメイヤーは考えていた。だがアミリンの様子を見るかぎり、まだそれを認める踏んぎりがついていないようである。

その読みがいかに的確だったかは、インターネット上のアミリンの日記からわかる。会議で医師たちから聞かされた話は、アミリンに希望ではなく恐怖を抱かせるものだったようだ。

つらい会議だった。思いやりのかけらもない医者が何人かいて、Dのつく言葉を少なくとも一二回は口走った。『Dの扉』という表現も少なくとも二度。『Dの扉』という比喩は前々から嫌いなのに。……暗い話やDのつく言葉を寄せつけないように、どうか祈ってください。

アミリンの印象では、医師たちは「とにかく急いで」結腸を切除したがっている。これについてアミリンは、「Dのつく言葉」を使わないルールを破ってまで、自分もショーンも結腸切除が「死ぬほど怖い」と書いている。医師たちの声の調子からヴォルカー夫妻がはっきり感じとったのは、ニックが結腸切除の手術に耐えられないとほとんどの医師が思っていることだ。だったらブレーキをかけたい。取りかえしのつかない処置に踏みきる前に、ほかの選択肢は本当にないのかどうかを確かめたい。それが母の本能だった。

会議に関する日記のなかで、アミリンが褒めた医師がひとりだけいる。

今日の会議では、あの医師の話が一番新鮮で、考えぬかれたものだった。しかも私の味方をしてくれたのだ（まだ私が口を開きもしないうちから——嘘みたいでしょう？）そして、ニックは私の子供なのだから、息子がどんな治療を受けるかは母親が決めるべきだとみんなにいってくれた。……私を支持して、私とニックの思いを代弁してくれる人を、どれだけ必要としていたことか。

その医師こそメイヤーである。会議のあと、アミリンは再度メイヤーのところに行って、ニックの治療を引きうけてくれないかと頼む。その時点で、すでにメイヤーは熟慮の末に腹を決めていた。母親の噂が気がかりではあったものの、自分には子供を拒むことはできない。メイヤーの研究プロジェクトは立ちぎえになろうとしている。ならば、これからは患者の治療に全力をそそぐしかない。ニックに集中できる。

ニックのケースに関しては、願望に目を曇らせてはいけないとメイヤーは自分を戒めた。少年がこの先どうなるかは、ふたつにひとつしかない。よくなるか、命を落とすかだ。その中間はこの子にはない。自分は様々な訓練を積んできたし、技術もある。それでも、ニックの命を救えるかどうかには自信がなかった。ひとつ確実にいえるのは、ニックの型破りな病気に必要なのは型破りな治療だということ。この病気は手強い。医師を恥じいらせるほどに。

メイヤーはまず、現在の主治医であるマイケル・スティーヴンズと話をすることにする。アミリンからニックの治療の責任者になってほしいと頼まれたのだが、君はそれでいいだろうか。メイヤーはそう切りだした。考えようによっては相当に気まずい状況である。だが、スティーヴンズは長年病院で働いてきたので、医師と患者の関係が変わりやすいことを理解している。メイヤーは、ニックの治療が終わるまで引きつづきこの件で相談してもいいか、とも尋ねた。スティーヴンズは落ちついた様子で気持ちよくこの変更を受けいれてくれたと、のちにメイヤーはふり返っている。本当は感情を害していたのだとしても、それを表には出さなかった。

　アミリンへの対応には十分に注意を払うことにする。計算づくで接する、といってもいい。医師と家族の境界線について、メイヤーはアミリンにとやかくいうつもりはなかった。その代わり、この母と自分の関係がどうあるべきかについて原則を決めた。ほかの医師たちは「アミリン」とファーストネームで呼んできたが、自分は「ヴォルカー夫人」という呼称を使う。互いに打ちとけすぎず、礼節をわきまえる。話はするが、あくまで必要に応じてだ。言葉をかわす際には、あらかじめ内容を考えておく。どんな目的をもって会話に臨むか？　このことを説明するにはどういう言葉遣いにすればいいか？　メイヤーがこの原則をヴォルカー夫人に話して聞かせることはなかった。ただ単に実行したのである。

「難しい症例になればなるほど、私は患者や家族と距離を置きます。冷たい人間だと思われるかもしれません。でも、家族と感情的なつながりをつくるのは、患者のためにならないと考えています」

　ニックは間違いなく犠牲者である。今のところ誰も手の施しようのない、恐ろしい病気の犠牲者。だが、そういった単純な図式だけではなく、スタッフと家族の軋轢を解決できない医療システムの犠牲者とみることもできる。アミリンが息子を愛しているのは十分にわかる。それでも、息子のためによかれと思う行為が、ときにスタッフの許容範囲を超えてしまっているのも事実だ。医師と母親は、まったく異なる視点から同じ医療システムを眺めている。そこに問題がある。ニックが病室を移ることにアミリンが反対するのは、息子の安全を脅かすものと闘わなければならないと考えてのことだ。生きのびる確率をできるだけ高めるには、ニックをよく知っている看護師やスタッフのもとにおいて同じ看護を続けるべきだ、と。

だがメイヤーの目には、アミリンがスタッフの反感を買うことでニックの医療の質を落としているだけのように映る。この子のために頑張る気はもう起きないと、スタッフに思わせてしまっているときもある。「看護をする際、最低限何が必要かと、どこまでできるかとのあいだには、広大なグレーゾーンが横たわっているんです」とメイヤーは説明する。「腹が立っていてもスタッフは仕事をします。でも、ただするだけになってしまうのです」

メイヤーにとって、アミリンは母親というよりニックの臓器の一部のようになっており、ケアの対象として考慮に入れるべき存在であるように思えた。心臓、腎臓、結腸、そしてアミリンである。

二〇〇九年三月下旬、メイヤーが正式に医療チームの主治医となったとき、ニックはまだ四歳。五歳の誕生日は半年以上先である。だが、その前途には再び暗い影が差し、それはいくら母が「Dのつく言葉」を拒否しようとも無視できない現実だった。

「現時点ではっきりしているのは、あらゆる内科的・外科的処置が失敗しているということ」アミリンは日記にそう綴っている。「唯一可能性のある選択肢は、結腸を切除するという大手術だ。……もちろん、素晴らしい効果が得られるかもしれない。私にだって、それがわからないわけじゃない。病気を追いはらってくれて、ニックがまた普通に腸から食物を吸収できるようになる可能性はある。でも、それだけの大きな手術自体から回復できるのかどうか、それが気がかりだ。前の傷口が今も閉じていないのだ。だったら、ニックが手術中に命を落とさないという保証はない。手術のあとで命を落とさないという保証も」

12　ドラゴン ―― 二〇〇九年二～六月

アラン・メイヤーは、ニックの病気ほど手強い相手と対峙したことがなかった。この病気の前では現代医学は後手後手に回るしかない。メイヤーはすぐそのことに気づく。敵がどう出るかがまったく読めないのだ。メイヤーが主治医を引きついだとき、病気はニックの結腸をむしばみ、いくつもの穴をつくりながらその勢力を広げていた。さらに悪いことに人工肛門手術のときの傷が再び悪化し、すぐにでも感染症を起こすおそれがある。そのため、長期的な解決策を模索することに集中している余裕がない。瘻孔の傷口をきれいにするために、少年を手術室へと送りつづけるだけだ。その処置を担当するのが、外科医のマージョリー・アルカである。

　傷口を消毒して覆うのは、普通なら手術とはみなされない。だがニックの場合、一度の処置に最低でも二時間はかかる。しかも激痛を伴うため、ニックを意識ある状態にしておくわけには絶対にいかない。まして患者は幼児である。だから全身麻酔を施す必要があり、そのこと自体にリスクがあった。[1]このまま意識を取りもどさず、昏睡状態に陥るのではないか。そんな極度の恐怖が絶えずつきまとう。つまりは本格的な手術と呼んでもなんらおかしくないものであり、それがアミリンには心配でならない。それでも、手術室行きがほとんど日課のようになるにつれ、親として当然感じるべき感情が麻痺しているように思えるときもあった。

　こうして日常的に処置できることがあると、ニックの病気がいかに奇妙なものかを忘れがちになる。だが、この病気をどの医師も経験したことがないように、その傷もまた誰も見たことのないものだ。どんな医学誌も医学の教科書も、こんな傷のことを教えてはくれない。傷の状態があまりにひどいため、アルカはニックの処置の予定を毎日入れておくようにしていた。そうしておいて、処置の必要のない日がたまにあればキャンセルするほうが楽なのである。

　瘻孔の傷口をきれいにする日は、まるで決まった演出を舞台でこなすかのようにして進んでいく。まず手術室の入口に引かれた線を挟んで、母と外科医が立つ。アミリンは息子をアルカにひき渡す。ニックはバットマンのマントや衣装を着ていることが多く、アルカは少年が喜ぶのを知っているので「バットマン」と呼びかける。

　アルカは子供の扱いがうまく、子供の目線で世界を見ることができる。だからニックに対しては、漫画の悪役か意地悪な継母（ままはは）であるかのようにして病気のことを話した。

「にっくき結腸め！」アルカはわざとしゃがれた声をつくってみせる。

「音楽は何がいい？　ジョナス・ブラザーズ〔三兄弟で結成されたアメリカのポップ・ロックバンド〕？」

アルカはニックに尋ねる。ニックはジョナス・ブラザーズが好きだ。このバンドの歌の一節をよく母が口ずさんでいるからである。「あと少しすれば、きっとよくなる」

ニックにとっては手術前の様々な手順も今や勝手知ったるものなので、進んで手伝った。投薬や採血などに使われる胸の静脈カテーテルも、自分でもちあげる。

それから、「ミルク色のバーストお願いします」と声をかける。これは、麻酔薬のプロポフォールを指すのにニックがこしらえた言葉だ。いつも使っている鎮静薬のバースト（一般名ミダゾラム）を思いださせるからである。

処置中に吸入する酸素には色々な風味がある。

「ブルーベリー」。当然、自分が選ぶものと思っている。

この少年の世界には、多少なりとも自分でどうにかできることや、選択できる余地がほとんどない。皮肉にも、手術室はその数少ないひとつだった。

「マスクはぼくがもつよ」。マスクとは酸素マスクのことだ。たまに研修医がやろうとすると、ニックはその手を押しのける。

処置が済んで、回復室で意識が戻りはじめ、まぶしい病院の照明が押しよせてくるとニックは口を開く。出てくる言葉は決まって、「ママは？」だ。

メイヤーはくる日もくる日もニックを診察し、アミリンに最新の状況を伝え、ふたりを手術室に送る。傷口の消毒が日課と化してしまっていることは、メイヤーも重々承知していた。ニックとアミリンの手術室行きは、二〇〇九年だけで一〇〇回以上を数えることになる。[2] 医療の域を超えた恐ろしい試練だ。さらには、いつ終わるとも知れない日々を病院で過ごしていること自体が、ニックに大きな影を落としているのもメイヤーにはわかっている。少年がときに気難しくなるのも、メイヤーを見て不機嫌になることがあるのも、不快さを隠そうとしないのも、当然といえば当然である。

ニックは手術室の場所も、病院の色々な階に何があるかも知っている。大人でも迷うような巨大な建物がこの子の家だった。数少ない友だちもここにいる。ママが遊び相手を見つけてくれたのだ。だが、病院での友情は長くは続かない。友だちはみんないなくなることをニックは学ぶ。退院するか、さもなければ天に召されるか。

ニックを苦しめるのは孤独だけではない。ちゃんとした食事をしたいという切実な願いもある。静脈カテーテルを通って体に入ってくるのではない、液体でもないものを。まともな食べ物を口にしたのはもう何か月も前である。看護師には、退院したらステーキを食べるのだと話し、夜にはスナック菓子の袋を抱いて眠った。

祈ってほしいと母にせがむ日もあれば、信仰に悩む日もある。

「ママ、神様は聞いてるの？　ちゃんとそこにいるの？　だって、それならどうしてぼくはここから出られないの？」

アミリンには返す言葉がなかなか見つからない。神様はいつも私たちと一緒にいるのよ、と答えられるときもある。息子の問いに言葉を失い、涙を拭うこともある。

ニックの病気は家族をもむしばんでいた。弟が病気になって三年近く、姉たちはできるだけ見舞うようにはしていたものの、病院は家から一時間以上かかる。家でも学校でもニックのことを考え、知らず知らずのうちに弟のおかしな言葉を思いだしてはそれを懐かしむ。さらに娘たちを不安にしたのは、自分たちだけで家にいなければならなくなったことだ。母親はたまにしか家に帰らない。父親は夜遅くになってから、ニックに会いたいと病院まで車を飛ばすことがある。娘たちが朝目覚めるときには、父はもう仕事に出ていていない。レイラニは夜になると、とり憑かれたように家中の鍵を閉めてまわるようになった。

家に食べるものがなく、娘たちが自分で買い物をしなければならないこともある。一番上のマライアが母親代わりをするようになった。食事をつくり、妹たちを起こして学校へ送りだす。前に母が出してくれたような生野菜も果物も、健康的な食事も、少女たちはもはや口にしなくなる。主食は冷凍ピザや、マカロニ・アンド・チーズだ。夜、妹たちが悪い夢にうなされていたり、ただそばにいてほしがったりすると、マライアは隣に寝てやる。そして、今家族に起きていることを語りあい、父も母ももう自分たちのことを気にかけていないのではないかと胸を痛めた。

「ふたりとも、ニックのためにできるだけのことをしてあげたがっている。それはよくわかっていました」とレイラニはのちに打ちあけている。「でも、自分たちが、自分が、親に見捨てられたような気もしていたんです」

その気持ちと折りあいをつけるため、レイラニは祈りと聖書に救いを求めた。何度も何度もくり返し読む。クリステンも聖書にすがり、学校から戻ると自分の部屋で夕食まで聖書のページを繰る。レイラニは週末に病院に行くのが楽しみだった。自分たちが家族だと感じられるのは、そのときだけだからである。

　父親が苦しんでいることも娘たちにはわかっているが、父はめったにそれを口に出さない。今やアミリンとショーンは別々に暮らしている。ニックの病院で会うか、たまに教会で顔を合わせるだけだ。アミリンはほとんどニックのそばにいて、ショーンはモノナに残る。それぞれが自分の悩みとひとりで向きあうしかない。

　ショーンは、自分が家族を養えなくなるのではないかと不安を抱えている。稼がなくてはならないというプレッシャーから、片時も解放されることがない。六年前に二万ドルあまりで買った一家の日産アルティマのエンジンが小児病院の駐車場でかからなかったとき、ショーンがそのまま長期間放置したために車はレッカー移動されてしまった。アミリンは移動先に取りに行くようショーンに迫ったが、ショーンは首を振る。

「そんな金はとてもない」

　一家はその車を失った。[3]

　この男のようにすべてを胸にしまいこむのは、なかなかできることではない。だがそれがショーンという人間だった。ある晩、家に帰ってきたとき、ショーンは居間の床にへたりこんで、娘たちの見ている前で泣いた。[4]

「すまない」。どうにかしぼりだせたのはその四文字だけである。「すまない。すまない」

息子が病気になってからの最初の二年間、ショーンは息子の長い不在に耐え、可能なかぎりの残業を引きうけた。保険でカバーできない医療費にあてるためである。二〇〇九年の初めに建設業界の低迷で仕事がなくなると、アミリンとショーンは役割を交代する。今度はアミリンが、屋内ウォーターパークを運営するリゾート会社で事務の仕事を始めたのだ。代わりにショーンがニックにつき添って長い時間を過ごすようになり、一緒に床に座って遊んだり、モンスタートラック〔巨大な車体とタイヤを特徴とし、大馬力のエンジンを搭載した車。この車を使ったレースがアメリカでは人気〕やスーパーヒーローの話をしたりした。何か月かして景気が上向いてくると、ショーンは仕事に戻る。現場で作業をしていると携帯電話が鳴り、おなじみの甲高い声が響いてくることがあった。「パパ、今度はいつ来るの?」

だが、二〇〇九年三月末になって恐ろしいことが起きる。この三か月のあいだ、ニックが病院の外に出られたのはわずか一日。アミリンはもう一日外出させたいと考えていたが、その矢先にニックの体温が四〇度に跳ねあがった。激しく嘔吐したため、輸血のための静脈カテーテルと経鼻栄養チューブが勢いよく外れてしまう。腹部に造設されている人工肛門は、通常の二倍の大きさに腫れあがった。ニックの声はしわがれ、寒気で体を震わせている。

メイヤーは主治医として迅速に手を打つかたわら、アミリンが拒みつづけてきたことにいよいよ踏みきると伝える。当初はメイヤーも、結腸切除に代わる代替案を提示していた。だがもはやそんな猶予はなく、メイヤーはアミリンがどんなに抗おうと折れるつもりはなかった。ニックの結腸は取りのぞかなければならない。少しでも遅れたら、命にかかわる。けっして望んでいた答えではなかったが、メイヤーが率直に話してくれたことがアミリンには嬉しかった。「この医者が、母親の私に面と向かって単刀直入に告げたとき、何か今までとは違う感じがしたのだ」とアミリンは日記に書いている。「私の大切なニックは、結腸をつけたまま死ぬよりは、なくしたほうがよい状態になる、といってくれた。たぶん、こういうふうにオブラートに包まない話し方を私は求めていたのかもしれない。それをこんな場面で受けとることになろうとは、思ってもいなかったけれど」

何週間も前に声に出したあの祈りに、神はメイヤーというかたちで応えてくれたのだ。今やアミリンはそう確信する。

外科医のアルカも優しい口調ながら、やはりアミリンに結腸切除を勧めていた。アルカは「Dのつく言葉」まで使って説得しようとする。このままでは、ニックは病院で死ぬしかないと。結腸はどうあっても切除する必要がある。ただしそのためには、手術に耐えられるだけの健康状態がニックにないといけない。

大きなネックとなっているのが、人工肛門の手術のときの傷口がなかなか癒えないことである。治り方があまりに遅いため、アミリンは代替療法に目を向け、マヌカハニーという商品を見つけだした。これは、ニュージーランドとオーストラリアに自生するマヌカという木の花から集めた蜂蜜で、強い抗菌作用をもつとされる。ニックの医療チームはこの蜂蜜を試してみることにする。アルカは、マヌカハニーを塗布した特殊な絆創膏まで注文した。ニックは蜂蜜療法を一か月ほど続け、確かに傷口の状態は少し改善する。とはいえ、時間の割には回復の歩みが遅く、この治療を継続するだけの価値があるとは思えなかった。

この間のニックは機嫌がよく、コウモリの絵を描いたり、パズルを組みたてたり、カラー粘土でつくった球を転がして遊んだりしている。それでも、近づきつつあるものが何かを察していた。結腸を取る手術はしたくないと少年は訴えた。

四月初旬になっても、まだ手術のできる状態にならない。メイヤーはニックの状態を安定させるために手を尽くす。とにかく体力を回復させないといけない。

復活祭（イースター）の日が訪れ、そして過ぎていく。ニックはまず、イースターのウサギに扮した病院スタッフから、イースター・エッグを探すためのバスケットを受けとり、そのあと近くのドナルド・マクドナルド・ハウスでも同じようなバスケットをもらう。医師たちは、夫妻がニックをマディソンの教会に連れていくことを許可する。集まった信徒と牧師がニックのために祈った。

ようやく四月二二日に手術が行なわれる。アルカが切除した結腸は、見るも無残な状態だった。本来ならピンク色のはずが、膿だらけの大きな潰瘍に覆われて黄色く変色している。結腸のあらゆる部分がダメージを受けていた。

麻酔から覚めたニックはおしゃべりがしたい気分らしく、アルカの手術用ゴーグルがおかしいといってからかう。

午前二時、刺すような激痛が少年の腸を貫く。ニックは泣きさけび、おなかが痛いのを消すために祈ってほしいと母親にすがる。叫び声は何時間も続いた。それから、合併症と闘う日々が始まる。ニックは気胸を起こし、高熱を出し、夜になると震えた。病室の壁にヘビが這っているのも見る。麻薬性鎮痛薬の影響による幻覚だ。

その後の数週間も苦難が続く。ニックは感染症にかかり、新しい手術の傷口のひとつがどうしても治らず、酸素飽和度も低下して酸素マスクの装着を余儀なくされる。手術の傷からは出血があり、腹が膨れあがる。本物の食べ物をひどく恋しがるも叶えられず、片腕にスナック菓子、もう片方にキャンディーの袋を抱きかかえて我慢した。

悪い話ばかりではない。アミリンは日記に、自分とメイヤーはニックの治療に関しては同じ方向を向いている、と記している。

あの人のことは本当に好きだ。私の意見を聞いてくれるし、ニックがどういう状況にあると思うかを尋ねてくれる。自分の考えを話すと、それが的外れではないといって安心させてくれる。早まったことをするのではなく、新しく依頼した検査の結果や、スキャンやX線の画像を待って、そこから何がわかるかをまず見極めようとする。

その後しばらくニックは感染症から解放され、病気が息切れしたかに思えた。体重は一三・六キロになる。ようやくまともな食事をすることもでき、チキンスープと、ローストポテトとニンジンと、豚のヒレ肉を味わった。だが、食べ物は病気にとっての燃料になる。スイッチを「オン」にしてしまう。

否応なくつらい日々が舞いもどる。ニックは再び腹部の痛みに襲われ、白血球の一種である顆粒球（かりゅうきゅう）の輸血を受ける。この処置にも、ニックの病気の悲しい特徴が現われていた。顆粒球の輸血は、傷口の治癒に効果があるように思える。だから本当はもっと輸血をしたいのだが、それにはニックの病状を安定させなくてはならない。つまり、せっかく有望な治療法があるのに、状態が悪すぎてそれを行なうことができないのだ。なんとも残酷な皮肉である。

五月になるとニックは歌を歌い、おもちゃのバットモービル〔バットマンが移動に使う車〕に乗って病院中を走りまわった。ミルウォーキー動物園に行く許可ももらう。

六月には体重が減少して嘔吐し、なかなか治らない傷口と腹部の痛みに悩まされる。

結腸切除のときの傷がなぜ癒えないのかがメイヤーにはどうしてもわからず、ニックを国立衛生研究所に送ってさらなる検査を受けさせようかと話すようになる。器官と器官をつなぐ結合組織に病気があるのではないかと疑ったためだ。

その頃にはメイヤーはこの病気を「ドラゴン」とみなすようになっていた〔キリスト教の文化圏ではドラゴン（竜）は悪の象徴とされる〕。この世のものとも思えないほどの、途方もない破壊力をもつ相手。自分で目の当たりにしていなければ、そんな病気は存在するはずがないと一笑に付していただろう。医師としての技術をすべてそそいでも、ドラゴンをつかのままどろませるのが精一杯。だが、それでは足りないのである。

「ドラゴンにいなくなってもらわなくては」。メイヤーはそう表現する。

ときどき、自分の仕事にはもはや技術など関係がないような気がした。ただ単に沈みかけた船からバケツで水を汲みだしているにすぎない。どうにか船を浮かせておくことができているだけで、いくら頑張っても水漏れの原因がつかめないのだ。

容赦ないプレッシャーがメイヤーの心身を消耗させる。この子ひとりのために二四時間待機しているようなものだった。新しい医師がニックを診察して、病気や現状について異なる意見を述べたとする。すると、間違いなく電話がくるとメイヤーにはわかる。アミリンからだ。理由を訊きたいのである。どうして新しい先生の考えは違うのか。あの先生は、メイヤーの知らない何を知っているのか。

休暇の最中でも、病院のスタッフから絶えず電話がかかってくる。これこれこういう状況です、どうしましょうか。

「なんと表現したらいいのか……」。のちにメイヤーはこの時期のことをふり返り、説明しようとしてふと口をつぐんだ。「想像してみてください。子供の命が失われようとしているのに、あなたには答えがない。救う手立てが何もないんです」

自分が対峙している相手の正体がわからないというのは、恐ろしいまでの無力感である。ドラゴンは毎日家までついてきた。朝、病院に向かうときも、ドラゴンは車の中にいる。向こうに着いたら、ニックが死んだと聞かされるのではないかと、不安がどうしても拭えないのだ。夜、ベッドに横たわって眠れずにいるときも、ドラゴンは去ってくれない。敵の弱みはどこだろうかと、つい考えてしまう。まどろみかけているときにもドラゴンがつきまとう。寝ているあいだもドラゴンのことが頭を駆けめぐる。メイヤーは森で道に迷う夢を見て、朝になるとのどが詰まるような感覚とともに目を覚ます。それは、自分が人の命を預かっているという自覚と緊張からくるものだ。

そう、病院に戻らなくてはいけない。ニックの病気が待っている。

13 ゲノムのジョーク——二〇〇九年六月

流れはドラゴンの勝利に傾きつつある。

ニックの状態を安定させるため、アラン・メイヤーはすでに様々な投薬治療を試みていた。栄養もすべて静脈経由とし、例外は認めない。免疫系を抑制して、過剰反応を起こさせないようにもしている。もちろん、ニックがウイルスの攻撃を受けないよう細心の注意を払いながら。長期入院中の患者にとって、院内感染は絶えざる脅威である。メイヤーは特殊な抗生物質を使って細菌を死滅させ、それが免疫系に対する「警報解除」の合図になることを願った。どうにかして免疫系が銃を下ろし、少年の腸への攻撃をやめてくれればと。

しかし、これだけの努力を傾けても、主要な症状のひとつに改善がみられない。炎症の指標となる赤血球沈降速度の数値がほとんど変わらないのだ。炎症はこの病気を走らせるエンジンである。ただ、メイヤーは興味深い事実に気づいた。人工肛門手術の際に迂回させて使わなくなった腸の部分が、きれいに治癒していたのである。そこを食べ物が通らなくなったら、炎症も止まった。メイヤーは自分の推測が裏づけられたと思った。やはりドラゴンに餌をやらなければ、じっと大人しくしてくれるのである。ニックに抗生物質を投与し、静脈栄養に限れば、病気の燃料を奪う効果が確かにある。

問題は、ニックの病状が重いために、この作戦だけでは命をつなげないことだ。病気は多数の瘻孔をつくりながらじわじわと移動していて、残された健康な腸の部分にまで這いのぼってきている。ニックは新たに小腸の病気も発症しており、それは不吉な徴候だった。

結腸を切除しなかったら、あの子の命はなかった。それは間違いないとメイヤーは信じている。しかし、結腸を通じて排泄物を体外に出せないとなると、回腸に頼らざるを得ない。回腸は小腸の一部で、結腸へとつながる場所にある。だが、このままでは異常な免疫系が最終的に回腸まで攻撃しはじめるだろう。ニックが結腸なしでも死なずに済んでいるのは、回腸があるおかげだ。回腸まで失ったら、成人するまで生きるのは無理である。食物を吸収する手段がなくなってしまう。そうなれば、この先もずっと静脈栄養を続けるしかないが、それではいずれ肝臓がダメージを受けて正常に働けなくなる。そこまでいくのに長くて五年。おそらく一〇歳の誕生日まで命はもたない[1]。

今やニック担当の主任免疫学者となったジェームズ・ヴァーブスキーは、この少年の「IL-10遺伝子〔炎症抑制作用のあるインターロイキン-10をつくる遺伝子〕」に欠陥があるのではないかと疑っていた。ところが調べてみると、IL-10は正常だとわかる。ほかの様々な仮説の例に漏れず、これもまた空振りだったわけである。もうヴァーブスキーにはアイデアが尽きてしまった。免疫学者はひそかに心のなかで敗北を認める。自分には病気の原因を突きとめることはできないし、少年の命を救うこともできない。ヴァーブスキーはその現実を受けいれ、ニックに見切りをつけた。

　アミリンは引きつづき骨髄移植を迫っているが、移植医は頑として首を縦に振らない。確固たる診断なしに骨髄を移植した場合、助かる見込みは五〇パーセント程度。[2] 良心に照らせば、承認するわけにはいかない。少年の命をコイントスに託すようなものだからだ。アミリンがどこに顔を向けても、スタッフの口をつくのは「持ち駒が尽きた」という言葉ばかり。

　母の不満は爆発寸前になる。

「こうして結局は振りだしに戻ったわけだ。『診断がつかない。何がニックを病気にしているのか、手がかりもつかめない』って」。アミリンはオンライン日記に怒りをぶつける。「一日がどんどん長くなってきて、私もニックも病院に閉じこめられたままぐったりしている。朝、ニックは薬を飲み、夜にまた飲む。その間は日課と呼べるようなものが何もなく……日に一度すら病院から出してもらえないときがある。ドナルド・マクドナルド・ハウスにさえ連れていけないのだ。ニックはこの成りゆきを見守るやり方のせいで、ふさぎこんだり急に興奮したりするようになっている。

　どうか祈ってください。ニックの心が元気になるように。そしてたぶん、私の心もそうなれるように」

アミリンは自分たちの気持ちを引きたてようと、一家に好意的な病院の職員に頼みこみ、小さなビニール製のプールをどこかから病室に運びいれてもらった。規則違反なのはわかっていたが、母と息子は何時間もプールの横に並んで膝をつき、おもちゃを浮かべたり、手で水を跳ねちらかしたりして遊んだ。そのあとアミリンが日帰りでモノナの自宅に行き、また病院に戻ってくると、プールは消えていた。皆、口をつぐんで、誰の仕業か教えようとしない。

六月が終わろうとする頃、メイヤーはニックの回腸を調べてみた。すると、そこにも病気が根を下ろそうとしているのがわかる。メイヤーはついに夜も眠れなくなる。きっとこの子は死ぬ。もてる知識と技術をすべてそそいできたが、あとはもう見ているしかない。そんな絶望感に囚われた。

藁(わら)にもすがる思いで、移植医のデヴィッド・マーゴリスに会いに行く。ここまできたら、頼むから骨髄移植を承認してくれと必死で懇願するしかない。なのに答えは同じ。診断がなければ、骨髄移植もない。問題の本質を理解していないのに、ゴーサインを出すような無責任なことはできない、と。

メイヤーにはマーゴリスの立場がよくわかる。自分の頼んでいることは、この同僚にとてつもなく大きなリスクを負わせるのと同じ。移植が失敗したら、「ニックを殺した医者」の汚名を着るのはマーゴリスになる。

それでもメイヤーはもどかしさに叫びだしたい思いだった。ほかに手はない。できる検査は全部やったのだ。メイヤーはマーゴリスに詰めよる。何が足りない？　これ以上私たちに何をさせたい？

そのとき、ひとつの案が浮かぶ。のちにふり返ってみても、どちらが口にした言葉なのか、ふたりとも定かではない。そのアイデアは真面目な選択肢というより、ほとんど冗談のようなものだった

「じゃあ、どうすればいい？　ニックのゲノムを解析しろとでも？」

＊

二〇〇九年六月下旬のこの時点で、診断のために患者の全遺伝子を解析した事例は一件も公表されていなかった。費用の試算もなければ、生きている患者を対象にする場合のガイドラインも存在しない。解析には様々な倫理問題が絡んでくるが、それに関する議論は今のところすべて仮定に基づくものだ。病気の謎を解くのに遺伝子の文字を利用するという発想自体が、まだ理論の域を出ていなかった。[3]

それでもその二日後、六月最後の土曜日の朝、子供たちがピアノのレッスンに出かけて家中が静まりかえっているときに、メイヤーはノートパソコンに向かって電子メールを打ちはじめた。ニックにとってはこれが最後のチャンスである。

「親愛なるハワード、お元気のことと思います」

いつものように相手の人となりを慎重に分析し、文面の一言一句にまで神経を行きわたらせる。メイヤーはミルウォーキーに移ってきて以来、以前よりハワード・ジェイコブのことがわかるようになっていた。マサチューセッツ総合病院ではすれ違いに終わったものの、メイヤーがウィスコンシン小児病院に着任したときにはジェイコブが研究室の立ちあげに力を貸してくれた。今ではファーストネームで呼びあっている。メイヤーはジェイコブの心のなかを覗きみようとする。高い目標を追い、負けず嫌いで、リスクを恐れない。この男が、小児病院で二〇一四年から患者のゲノム解析を始める計画を立てているのをメイヤーは知っている。だが二〇一四年は五年も先だ。ニックには遠すぎる。

「私のひとりの患者についてご意見を伺いたいと思い、このメールを書いています。……ゲノム解析によって救われる可能性のある患者です」。メイヤーはそう始めた。

「これは数年に一度しかめぐりあわないような稀な状況です。この患者は病状が非常に重く、長期入院しています。でも、病気の謎を分子レベルで解明できれば、治る見込みがあるかもしれません」

メイヤーは、ジェイコブについて知っていることを総動員して議論を組みたてる。医療の未来に向けて一歩を踏みだすとともに、重病の少年の命を救えるかもしれない千載一遇のチャンス。それをメイヤーはジェイコブに差しだそうとしている。メイヤーは、ほぼ三年に及ぶ不毛な探求の日々を三つの段落にまとめ、現在ジレンマに直面していることをつけ加える。つまり、唯一有望に思えるのは骨髄移植だが、診断がつかないかぎり移植には絶対にゴーサインが出ないという問題である。

それからメイヤーは説得にかかる。「このメールを送っているのは、この子のゲノムを解析する手立てがないかどうかを知りたいからです。ニコラスが遺伝的欠陥をもっている可能性はかなり高いと考えられます。おそらくは未知の疾患でしょう。ひとつの診断がこの子の命を助けるのみならず、パーソナルゲノム医療というものを実際に披露する機会ともなるのです」

ようするにメイヤーは行間に次のような思いをこめたわけだ。「私には、その技術を必要とする幼い患者がいる。あなたがそれを提供してくれるなら、少年を救ったという栄誉はあなたのものだ。これは、あなたがずっと目指してきたことではないか。ゲノム医療を病院に導入した立役者になれるのだぞ」

メイヤーはさらにこう言葉を継ぐ。「ネックになるのが金銭の問題だけなら、資金を調達する道はあるかと思います」。だが、一番気が利いていたのは最後の一行だったかもしれない。メイヤーはアミリンのオンライン日記へのリンクを貼り、読んでみてほしいと締めくくったのだ。「いかに八方ふさがりの絶望的な状況にあるかが、垣間見えると思います[4]」

メイヤーは何度も読みかえしながら、納得のいくまでメールに手を加える。それから、送信ボタンを押した。

14 自分たちがここにいる理由——二〇〇九年七〜八月

電子メールはハワード・ジェイコブの注意を引いた。アラン・メイヤーは顔見知りだが、親しいとまではいいがたい。ジェイコブの知るメイヤーは消化器医であると同時に、ゼブラフィッシュを使って遺伝子の研究をする科学者でもある。メールを読みすすめるうち、これが単純なお願いのメールであることにジェイコブは気づく。ずっとやりたかったことをジェイコブにやってほしい。それに尽きる。この男は、パーソナルゲノム医療への招待状を携えて自分の前に現われたのだ。これは計画でもなければ、研究企画書でもない。ただ手持ちの駒を使いはたした医師がひとりいるだけだ。そして、ジェイコブが研究人生のすべてをそそいで開発してきた技術に、その患者の最後の望みがかかっている。

ジェイコブはニックの名前を耳にしたことがなかったが、それも驚くにはあたらない。病院というのは個人情報を漏らさないよう厳格な規則を設けている。ただ、この件を知ってから聞いたところによれば、ときどきスタッフの話に出てくる「病院一具合の悪い子」というのがニックのことだったらしい。

ジェイコブはメイヤーの勧めに従い、アミリンのオンライン日記に目を通す。読みながら、自分自身のふたりの娘のことを考えずにはいられなかった。アミリンの綴る物語にジェイコブは胸を揺さぶられる。

「だって、あの家族が、あの子が、気の毒で気の毒でたまらなくなりますよ。そう思うなというのが無理な話です」とジェイコブはふり返る。「人の親なら、いや、親でなくても人間なら、あれを読めば同情を禁じ得ません。家に帰って、ただ自分の子供を抱きしめて、『ありがとう』っていいたくなるんです」

確かに絶望的な状況である。アミリンは何ページにもわたって、診断を得るための様々な試みを記している。息子がどれだけ悲惨な状態にあろうと、母はつねに希望を失わない。きっとどこかの医者がこの病気の謎を解いて、うち負かす方法を見つけてくれると。試みは決まって失敗に終わる。それでも何かの理由を見つけて希望は残りつづける。

とうてい無視のできないケースである。ジェイコブは自分の両親と同じカトリック教徒であり、他者に対する務めについてもふたりから色々なことを教わってきた。これはつまるところ、自分が失敗するリスクと、少年の命を救う最後のチャンスと、どちらが大事かという問題にほかならない。

「はたして選択の余地があったでしょうか」。のちにジェイコブの父親はそう語っている。ジェイコブにとって、答えは明白だった。[1]

ジェイコブは、今起きていることをヴォルカー夫妻の身になって考えてみようとした。自身の娘たちは一四歳と一〇歳で、ニックの年齢とも大きく違うわけではない。ふたりとも健康でいてくれて、自分も妻のリサも本当に恵まれていたのだ。もしもどちらかが手術室に運ばれていき、自分にはついていくことも守ってやることもできない場所へと消えていったら、どんな気持ちがすることか。どれだけつらいことだろう。しかも、ヴォルカー夫妻のようにそのつらさを一〇〇回以上嚙みしめなければならないとしたら。この父と母は一日一日をどうやって乗りきっているのだろうか。

だが、これは方程式の感情的な部分だ。ジェイコブは感情に流されるのをよしとする人間ではない。判断を左右するポイントはただひとつ。メイヤーの要請は実行可能か否か。それをジェイコブは頭のなかで何度も考える。

子供は死にかけている。できるのか？　その子のゲノムを読みといて、悪いところをちゃんと見つけだせるのか？

この少年のＤＮＡを解析するということは、「考えぬかれた入念な計画」からの決別を意味する。予定より五年も早く、実行に踏みきらなくてはならない。

ジェイコブが動員できる資源は、大規模な解析センターには遠く及ばない。人員の面でも、装置の面でもだ。それでもひとつ強みがあった。手ずから選びぬいた精鋭チームの存在である。チームの面々は皆、ＤＮＡ解析を患者に届けるという使命の正しさを信じ、それを実現すべく取りくんでいる。「ジェイコブが飲めといえば毒でも飲む」とは、彼らが好んでいうジョークだ。それくらい、ジェイコブの目指す未来像に惹かれて、このウィスコンシン医科大学にやって来た。

そして今、メイヤーがジェイコブに決断を迫っている。

「これからはDNA解析が必要だと、私はそれまであちこちでいい回ってきました。ようするにメイヤーは、それがはったりでないなら実行してみせろと挑んできたわけです」

決断するには情報がいる。自分のチームのメンバーならそれをもっているはずだ。ジェイコブは廊下を歩いてヨセフ・ラザルのオフィスに向かった。

ラザルは分子生物学者であり、以前はメリーランド大学で狂牛病の研究をしていた。ジェイコブに誘われてこの医科大学に来たのは二〇〇二年。その後は、一〇歳近く年下のジェイコブから頼りにされるようになっていった。どんどん大きな仕事を任され、今ではジェイコブの親しい友人でもある。メリーランド大学の上司は、残ってくれたら給料を倍にするといって引きとめた。だがラザルは、ジェイコブとその理想像を選んだ。DNA解析で生身の患者を助けるという目標に貢献したかったし、ジェイコブならそれを実現できると信じていた。

ラザルは何年もジェイコブと話をするうち、ひとつの決定的な印象を抱くに至っていた。「この男はイカれている。思いついたらなんでもやってしまうんだ」

ジェイコブはラザルのオフィスの戸口に立つ。見るからに興奮した様子だ。小児病院にいる病気の少年の話をし、DNA解析で命が救えるかもしれないとラザルに告げる。「これはチャンスだ」

ジェイコブはすでに頭のなかでチェックリストをつくりはじめていた。実際に解析するとなれば、データを作成してそれを分析する人間が必要になる。ジェイコブはメイヤーからのメールをチームの全員に転送した。ジェイコブが現われたとき、エリザベス・ワージーはすでにそのメールを読みおえていた。

「どう思う?」ジェイコブが尋ねる。

ワージーはスコットランド出身。データ解析の専門家で、一年あまり前にワシントン州シアトルのバイオメディカル研究所からこちらに移ってきた。以前は、発展途上国に見られる病気(マラリア、結核、リーシュマニア症〔サシチョウバエにより媒介される寄生虫疾患〕)を遺伝子の見地から研究していた。ジェイコブとの面接に臨んだとき、二〇一四年には病気の子供のDNA解析ができるようにしたいという目標に胸打たれ、刺激を受ける。とりわけ印象に残ったのが、ゲノム医療の未来を滔々(とうとう)と熱く語るジェイコブの姿だ。ウィスコンシンに着任してからは、大学が454ライフサイエンシズ社の解析装置を購入するのを目の当たりにした。高性能で高価なツールである。これを見て、二〇一四年を目指す計画が口だけでないことを確信した。

そのジェイコブが今、窓のないワージーのオフィスに顔を出し、最初の患者へのDNA解析を予定より五年も前倒しできないかと訊いている。その日の朝、ワージーは454ライフサイエンシズ社の装置から得たデータを調べていた。それは、チームにとって初となるヒトゲノムのデータセットであり、循環器疾患で死亡した子供の家族のものである。これは純粋に研究のための作業であって、実際に病院で解析する際に用いるプロトコル（手順）をテストするのが狙いだ。

しかしジェイコブはワージーに、時がきたことを告げている。遺伝子を読むことが命運を左右する患者がひとりいるのだ。その病気は、居並ぶ医師たちをことごとくうち負かしてきた。臨床目的で解析をすることについては、まだ研究も試験も行なわれていなければ、きちんとしたプロトコルも作成されていない。しかし、どれもこれもニックの家族にはどうでもいいことである。家族にわかっているのは、実証済みの検査や治療がすべて失敗したということ。たとえ効果が未知数でも、ゲノムの領域に一歩を踏みだすことしかニックには残されていない。これが最後のチャンスなのだ。

その少年のゲノムを解析すべきか否かなど、ワージーには少しも難しい質問ではなかった。ほかに選択肢はない。「やりましょう」。ワージーはジェイコブにそう伝える。「その子の遺伝子を調べるべきです。病気の原因を突きとめられる見込みはほかにありませんし、それが最善の方法です」

いうまでもないが、解析と治療はイコールではない。遺伝子を読んでも原因が見つからないかもしれないし、原因が判明しても治療のすべがないとわかる可能性もある。ワージーは後者のほうが公算が大きいと考えていた。だが、そうしたリスクの一方で、ひとつ確実なことがある。自分たちが試してみなければ、医師たちは診断が得られない。診断がつかなければ、ニックは死ぬ。

こうした事実を考えあわせ、ワージーは一刻も早く始めたいという気持ちになった。ニックのケースはおそらく、自分がそれまでに手がけた解析とはまったく違うものになるだろう。ワージーにはそういう確信があった。ワージーがこの医科大学に雇われたのは、主にラットゲノム・データベースチームの仕事をするためである。これまではほぼ研究だけに取りくんできた。だから、いつの日か大勢の人を助けるために仕事をする、という考え方に慣れている。その人たちをひとりとしてワージーは知らない。仕事の励みにするために、思いうかべるような顔もない。しかも、自分が苦労したことの成果を見るには何年かかるかもわからないのだ。

今回は違う。今度はたったひとりの人間を救おうとしている。成功するためには、これまでよりずっと速く仕事を進めなくてはいけない。

ジェイコブが顔を出した朝に調べていたゲノムのデータと、この少年からくるであろうデータとでは、根本的な違いがある。研究プロジェクトの場合、ワージーがこれほどのプレッシャーを感じることはない。命を救うには手遅れだからだ。遺伝子の文字からは学ぶことしかできない。

だがニックの場合、解析結果から学ぶだけでは足りない。最大の目標は科学を前進させることではなく、ひとりの患者を助けることなのだ。

ところが、ジェイコブが自分のチームからさらにメンバーを引きいれてこの件を話しあってみると、ワージーのように前向きに考える者は少数派だった。装置からニックのDNA配列が吐きだされてきたとしても、それは延々と続くA、G、C、Tの羅列にすぎない。その意味を読みとくのは一筋縄ではいかないというのが、大方の見解だった。正常とされるゲノムと比べて、おそらく何千何万という箇所に文字の違いが見つかるだろう。少年の病気がどんな医学文献にも報告されていないのだとしたら、そのうちどれが腸の病気の原因かをどうやって見極めればいい？

ジェイコブが一番心配しているのもまさしくそこだった。塩基配列を決定したはいいが、正しい分析ができる保証はない。研究目的であっても、チームはまだそれほどの数のゲノムを扱っていなかった。[2]

メイヤーは回答を迫る。メールの一週間後には、ジェイコブに電話をかけてきた。

「できますか？」

「理論上は」

「そうじゃない、実際にできるんですか？」

この問いに答えるため、ジェイコブはワージーとマイケル・チャネンに意見を求めた。チャネンは研究員で、医科大学のＤＮＡ解析研究所をとりしきっている。ふたりを自分のオフィスに呼び、ジェイコブはこう切りだした。「君たちがゲノムの配列を決定してそれを分析するとしたら、成功する可能性がどれくらいあると思うか。よく考えて、なるべく早く回答してほしい」

ワージーは自分の考えを「経験が少ない者特有の楽観論」かもしれないと認めつつも、それだけでは片づけられないところに希望の種を見出していた。確かにニックの病気は不可解で、手に負えないように思える。それは、この病気が幼いうちに発症し、根本的に奇妙なところをもっているからだ。しかしそれこそがまさに、この病気が遺伝子の欠陥によるものであることを物語っているとワージーは考えている。そして、これほど奇妙で、これほど尋常ならざる病気をひき起こすからには、その欠陥はニックのＤＮＡの約三二億文字のなかでかなり目立つはずだ。

ヒトゲノム計画には、一般向けに説明するのが難しい部分もあるものの（大腸菌、酵母、ショウジョウバエ、線虫、マウスのゲノムを解読する必要がなぜあるか、など）、「基準ゲノム」という考え方ははるかに理解しやすい。人間の典型的なゲノム配列がどういうものかを突きとめれば、奇妙な病気をもつ人のゲノムと比較したときに違いを見つけだせる、ということである。この基準ゲノムを手に入れることこそが計画の最終目標であり、実現には大変な労力がかかった。最初のヒトゲノム配列が公表されるまでには、数百台の装置と約一〇年の月日を要している。ヒトだけのプロジェクトにしぼっても、費用は六億ドルほどにのぼった。ほかの生物についてのプロジェクトも含めれば、総額は約二七億ドルである。[3]

ヒトゲノム計画は一九九〇年にスタートし、二〇〇〇年六月二六日のホワイトハウスでの式典をもって終了したと思っている人もいるかもしれない。だが、その時点ではヒトゲノムの概要版しか完成していなかった。それより前、クレイグ・ヴェンターはセレラ・ジェノミクス社を率い、自らの高速解析技術を武器に政府主導のプロジェクトに対抗していた。そのため、ホワイトハウスでの式典は、公的プロジェクトと民間プロジェクトで栄誉を分けあうことに主眼を置いたものだった。実際にはその後も公的な取り組みが続けられ、二〇〇三年に完成版がひっそりと公表されている。それはいわば、ひとりの人間が約三二億文字で綴った署名のようなものだ。

しかし、その署名は誰のものなのか。そしてどういう意味なのか。ゲノムの知識をニックの謎の病気に応用しようとするとき、そのふたつの問いが重要な意味をもって迫ってくることになる。

最初に公表されたヒトゲノムが今では「基準ゲノム」とされている。これはひとりの人間のゲノムではなく、二八人のゲノムを調べた結果だ。とはいえ、国立ヒトゲノム研究所のリサ・ブルックスによれば、大部分はひとりの人間のものだというから驚く。基準ゲノムの約七〇パーセントが「RP11」と呼ばれるアフリカ系アメリカ人男性からきている（RPとはニューヨーク州バッファローにある「ロズウェルパークがん研究所」の頭文字。ヒトゲノム計画のためにサンプルを集めた拠点のひとつ）。残り三〇パーセントに貢献した二七人もすべてアメリカ人だが、民族的な背景は異なっている。二八人全員が、被験者を募集する広告を見て応募した。この二八人を合計したものが、人類の典型的なゲノムとされたわけである。血液を提供した被験者もいれば、確実にY染色体をとらえるために精子を採取された人もいる。[4]

ヴェンターとセレラ社による民間のプロジェクトでは、わずか五人の被験者から基準ゲノムを作成した。五人のなかには、ヴェンター自身と同僚のハミルトン・スミスも含まれている。[5] ただし、公的と民間の双方のプロジェクトの成功が発表されて以降、セレラ社の成果が基準ゲノムとして使用されることは少ない。科学者が「基準ゲノム」と口にする場合には、公的プロジェクトが作成したものを指すのが普通だ。

基準ゲノムが完璧というわけではなかった。そもそも、六〇億人（当時）のなかから二八人を抜きだしただけで、正常とは何かを示せるものだろうか。何がめずらしくて何がありふれているかを、科学者はどうやって知るのか。機能が解明されていない遺伝子も多いうえに、二〇〇三年当時にはひとりの人間が遺伝子を何個くらいもっているのかすらわかっていなかったのだ。科学会議で論争を始めたければ、遺伝学者をふたり選んで人間の遺伝子数を尋ねてみればよかった。ある者は二万と答え、ある者は二万五〇〇〇と主張し、それよりはるかに大きな数を挙げる者もいる。たいていの遺伝学者は、「場合にもよるが」と前置きしたうえで自分の数字を語った。場合にもよるというのは、遺伝子をどう定義するかで違ってくるということだ。RNA（リボ核酸）を遺伝子だとみる研究者もいれば、そうとは認めない者もいる。

正常とされる基準ゲノムを作成する際には、考慮すべき問題がもうひとつある。どんな人間の遺伝子も、かならずきわめて稀な個体差をもっている点だ。いい換えれば、ゲノムの数千か所に異常があったとしても、それはまったく正常だということである。基準ゲノムにも、まず間違いなくそうした個体差が含まれている。

このように不完全に思えるとしても、基準ゲノムはひとつの立派な出発点になる。その二八人が既知の希少疾患にかかっていなかったことは確かなので、彼らから得た遺伝子の文字には、私たちをヒトとして機能させるものが示されていると考えていい。遺伝子の個体差のなかには、許容できる無害なものもある。背が著しく高くなったり、髪の毛が赤くなったり、瞳が青くなったりというたぐいの違いを生むだけの場合だ。一方で有害な差異もある。重要なタンパク質の正常な生成を妨げ、人間という装置に重大な不具合をきたさせる場合である。人間がどんな活動をするにしても（食事、呼吸、思考ですらも）、タンパク質は欠くことができない。そして病気の多くは、タンパク質を正しくつくれないことに起因している（白人に多い膵嚢胞性線維症や黒人に多い鎌状（かまじょう）赤血球症も同様）。

つまり、基準から外れるのは当然であって、その個体差がどういう結果をもたらすかは様々（吉と出るか凶と出るかどちらでもないか）であることを念頭に置いておきさえすれば、基準ゲノムは有効なツールとなった。

「正常」を探しもとめる際には、注意すべき重要な点がもうひとつあった。科学者がよく知っていたのは、遺伝子のなかでもタンパク質をつくるレシピが示されている領域である。その領域はエクソンと呼ばれ（エクソン全体を総称して「エクソーム」という）、ゲノム全体の一・二パーセントを占めるにすぎない。ニックの遺伝子を解析すべきかで議論がなされていた頃、残り九八・八パーセントが何をしているかについてはわかっていないところが多かった。それまでは長いあいだ、ゲノムの圧倒的大部分がただの「ジャンク（がらくた）DNA」だとみなされていた。そう考えると気が休まるのだろうが、ある種の傲慢さの裏返しであるようにも思える。自分たちが解明できていない場所にはなんの機能もないか、少なくとも大事な機能は備わっていないという考え方が透けて見えるからだ。

ゲノムについては、仮定をもとに事を進めるのは禁物である。わかっていないことが多すぎる。しかし、この二〇〇九年にはそれが必要だった。ニックのゲノムを探ろうというのであれば、かかわる科学者全員が作業の前提とすべき指針がなくてはならない。それまで、誰かのゲノム配列を決定して、その情報をもとに病気の原因を特定できた事例はひとつも公表されていなかった。ニックの遺伝子を読んで治療法を決めるためには、そして遺伝子の文字に含まれる膨大な情報の意味を理解するためには、ジェイコブのチームはなんらかの仮定に頼るしかなかった。

ワージーとチャネンは、丸一日とたたないうちにジェイコブのオフィスに戻ってきた。ふたりが口を揃えたのは、ニックのＤＮＡを一文字も残さず解析するのは費用がかかりすぎるという点である。

だが、それに代わる選択肢があった。そちらを選べば、費用の削減につながるだけでなく、病気の原因を探しやすくもなる。約三二億個の塩基対をすべて調べるのではなく、エクソームにのみ的をしぼってはどうかとワージーとチャネンは提案した。つまり、タンパク質生成に関与する部分である。タンパク質の不具合のせいで起きる遺伝子疾患が多いことを思えば、ニックの病気の謎の答えがエクソームのどこかに隠れていてもまったくおかしくはない。しかも、エクソームに特化できるツールが少し前に考案されたばかりだった。ロシュ・ニンブルジェン社のエクソーム・キャプチャー・アレイである。単に「エクソームチップ」とも呼ばれ、ニックの家からわずか数キロの場所で開発されたものだ。このチップを使えば、個々の遺伝子のエクソン領域のみをとらえることができる。その方法なら、総費用を二〇〇万ドルから一〇万ドル未満に抑える道が開ける。

「本当にできるんだね？」ジェイコブは念を押す。

ワージーとチャネンはためらうことなく、はいと答える。

「ならば、そろそろもっと大きな会議を開いたほうがよさそうだ」

ジェイコブは何人かの医師や研究者に電子メールを送ったり、オフィスのドアをノックしたりして会議のことを伝えた。そうするうち、ひとつのことに気づく。当初は慎重な空気が流れていたのに、今や大勢が「前進」に傾き、世界初のゲノム医療に向けて突きすすもうという雰囲気が高まってきていたのである。

ワージーとチャネンと二度目の話し合いをしてから数日後、ジェイコブは医師と科学者合わせて一〇名による会議を開く。皆がニックのDNA解析を支持してくれると、ジェイコブは信じていた。なんといっても彼らの多くは、それを実現するというジェイコブの考え方（約束といってもいい）に惹かれてここで働くことを決めたのである。

チームが二の足を踏むようなら、もっとたくさんの人間を議論に加えて、どうすれば前に進めるかを検討しようと思っている。ただし、そのことは同僚にも明かしていなかった。

会議室では、何人かから反対意見が出される。患者に対する有用性が証明されておらず、しかも多額の費用がかかる処置を実施したら、各方面から怒りを買うのではないかという。それに、問題が明らかになったのに治療法がないとわかったら、少年の両親にどう顔向けすればいい？[6]

なかでもとりわけ慎重だったのが、免疫学者のジェームズ・ヴァーブスキーである。ヴァーブスキーはこれまで、ニック担当のチームの一員として病気の謎を解こうと努めてきた。そして今、自分もワージーのように希望をもてたらどんなにいいかと思わずにいられなかった。

ヴァーブスキーと同僚はしばらく前から、病気の原因が免疫系にあるのではないかと睨んでいた。しかし、どんな免疫疾患に目を向けてみても、ニックの病気はそれに当てはまらない。やがて免疫学者たちは不安に駆られていく。悪いのが免疫系でなかったらどうすればいい？

わずか数週間前には最後の頼みの綱が切れ、ヴァーブスキーは答え探しを断念していた。自分だって匙を投げたくなどなかった。だからといって、ジェイコブが示す新しい案を受けいれる気にもなれない。ＤＮＡ配列を残らず解読するなんて、一か八かの大博打の域すら超えている。考えれば考えるほど、最終的な結末がどうなるかは目に見えている気がした。きっと可能性のある変異の候補が二万個見つかる。そうしたらみんな私のところに来て訊くんだ。犯人はどれだ、って。

文字が一文字違うだけでも、遺伝子は変異を起こす場合がある。変異とはすなわち、有害な個体差ということだ。人体の遺伝子はわずか二万一〇〇〇個程度とはいえ、ひとつの遺伝子のなかに複数の差異があってもおかしくはない。ニックを苦しめている一個を見つけだすためにそれを全部調べていたら、一生かかっても終わるかどうか。とても無理だ。

ヴァーブスキーは自分の疑念をはっきり言葉にもした。「声を出して笑ってしまいましたよ」。ヴァーブスキーはそうふり返る。「『頭がおかしいんじゃないのか。見つかるもんか』ともいいましたね」

じつのところ、ＤＮＡ解析をするというのは、ヴァーブスキーが小児科で働く理由の本質に触れるものである。小児科では道義的な問題に悩む必要がなく、ヴァーブスキーはそこが気に入っていた。つまり、子供の命を救うためならなんでもするということである。そういう視点に立てば、ニックのDNA配列を読みとることなど、造作なく決断できてしかるべきである。だが、DNA解析はリスクを伴う。仮に何千もの差異が洗いだされ、そこからニックの症状に合うように思える一個が見つかったとしよう。その差異を含む遺伝子は免疫系関連のものかもしれないし、傷の治癒にかかわるものかもしれない。それが原因なのではないか、いやそうに違いない。みんながそういう心理になってもおかしくない。もてるすべての知識と直感に基づき、医師たちはニックの骨髄移植を承認する。

ところがそれが間違いだったとわかる。あれほど有望に見えた遺伝子変異は、探していた犯人ではなかった。ニックの病気の原因は別のところにあり、それはリスクを押して骨髄を移植しても治せないおそれがある。でもすでに解析を済ませてしまったし、何千もの候補のなかから答えと思うものを選びだしたわけだから、そのまま移植にゴーサインを出す。そして最悪の場合には、病気ではなく骨髄移植のせいでニックは命を落とす。少年を救って新時代の扉を開くどころか、「まず、害を与えてはならない」という医療の最も基本的な原則を侵す結果に終わる。病気の謎を解くためにDNA配列を使おうとすれば、それだけのリスクがついてくるのだ。

解析がうまくいくのかを疑う者はほかにもいたが、そうした恐ろしい結末まで見据えているのはヴァーブスキーだけだった。

様々な懸念にジェイコブはじっと耳を傾ける。それから、会議室にいる全員にひとつの単純な事実を投げかけた。これを試してみなければ、このままニックを死なせるだけだ、と。

ジェイコブは言葉を切り、これがどれだけ切迫した問題かが全員の心にしみこむのを待った。「やってみましょう」と声を上げたのは、小児遺伝学を専門とするデヴィッド・ディモックだ。ディモックはもともと先行きを悪いほうに考えがちな性分である。これまでの経験からいって、非常に優れた遺伝子検査であっても診断につながる事例は全体の一割か二割程度しかない。DNA解析を行なったところで、その確率が上がるとは思えなかった。だから、解析への疑念が払拭されたわけではない。しかし、自分を含む懐疑派の多くの気持ちが、しだいにひとつの考えに傾いてきているのを感じていた。ニックと家族を絶望の淵に置きざりにするよりは、思いきって前に進むほうがいい。

チャネンにも成功を疑う気持ちがないではなかった。しかし自分はこのためにキャリアを積みかさねてきたのだという思いもあった。チャネンはイリノイ州の田舎町で育った。わずか数キロ先に大きな遊園地があっても、幼いチャネンの興味はまったく別の方向を向いていた。家の近くの森や川で、カエルをつかまえたり、魚のバスを捕らえる罠を仕掛けたりするのが好きだったのである。父親は水処理関連の機器を販売していたが、もともと地球科学を専攻していたこともあって、石を手にとってはその名前や時代を教えてくれた。チャネンは成長するにつれ、そんな父親を尊敬するようになる。

大学では生物学を学び、イリノイ州の職員として野生生物の保護・管理の仕事をしたいと思っていた。絶対にやりたくなかったのが、大学の研究室で働くこと。もちろん、結局はそうなったわけである。

二〇〇〇年五月にこの医科大学に移ってきて以来、チャネンはラットのゲノムから学ぶことに没頭してきた。ほかの研究者と同様、ここに来たのはゲノム科学を病院に届けるというジェイコブの未来像に惹かれたからである。八年間ラットに取りくんで思うようになったのは、遺伝学はけっして黒魔術ではなく、結果が見えるものだということだ。ラットが心臓病になるように遺伝子を改変し、成長を見守っていくと、本当に心臓病を発症する。

二〇〇八年、チャネンはジェイコブから重要な仕事を命じられる。最新の高速解析装置の発注・設置・操作を担当することになったのだ。これは、ジェイコブの計画における大きな転換点だったといえるだろう。

そして今、チャネンは、こんなに早く開かれようとは思いもしなかった会議に出席している。たとえ当初の計画が目指していたのが二〇一四年であっても、たとえ失敗の可能性が高いとわかっていても、自分たちはやるしかない。チャネンは口を開き、先日ジェイコブとワージーと話しあったときにぶつけた問いをもう一度くり返した。「これをやらないというんなら、私たちはなんのためにここにいるんです？」チャネンは部屋を見回す。「私たちはまさしくこのためにいるんです」

採決をとる必要はなかった。

ジェイコブも、部屋にいる面々も、このプロジェクトがリスクだけでなく大変なコストを伴うことを重々承知している。資金をどう工面するかは厄介な問題になりそうだ。

全ゲノムを対象にし、約三二億の塩基配列をすべて決定してその結果を分析したら、いったいどれくらいの費用がかかるのか。この時点では見当もつかない。ごくごくおおまかに見積もって、二〇〇万ドルといったところだろうか。それほどの金額になると、一病院が最も高額な治療にかける上限にほぼ等しい。たとえば、二二週で生まれた超低出生体重児を数か月ＩＣＵに入れて看護する、といった場合だ。ただし、これはあくまで正当と認められている医療についての話である。たったひとりの患者に実験的な治療を施すために、そこまでの大金をつぎこむ病院はない。

幸い、ワージーとチャネンの提案した「エクソームのみ解析する」という手が使える。それでも相当な資金を確保しなくてはならないだろうが、もっと手に負える額に収まってくれるはずだ。

だが、金の話はまた別の日にしようとジェイコブは決める。今大事なのは、二〇〇九年夏のこの日に皆が同じ結論に達したこと。ニックのエクソームを解析し、病気の原因遺伝子がそこにあるという可能性に賭けるのだ。

会議室を出るとき、ワージーには自分たちがきっと成功するという予感があった。ニック・

ヴォルカーの約二万一〇〇〇個の遺伝子を調べ、ニックを苦しめている犯人を見つけだす。そうすれば、あの子の命は助かる。

チャネンも皆の意見が一致したことが嬉しかった反面、不安もあった。今まで、重要なプロジェクトを担当したいと願ってきたが、これは自分が予想していた以上の重圧と責任を伴うものとなりそうである。

その会議からほどないある日、ジェイコブは五分ほどキャンパスを歩いて、医科大学の付属病院のひとつに向かった。チャネンもついていき、今回の解析プロジェクトに関する不安な胸の内を明かす。ふたりは歩きながら話し、やがてジェイコブが足を止めた。

「やってみてうまくいかなかったら、確かに大事になる。でもやってみてうまくいったら、とてつもない快挙になる」

そういってジェイコブはまた歩きはじめ、チャネンにこう説明した。こういうことをやってみたいと、科学者は誰もが話していた。実際に実行した者はひとりもいない。「ぼくらのもとには患者がいる。今年こんなことをする者はほかにいないし、この先二～三年のうちもたぶんいないだろう」

まもなく付属病院に着いた。ジェイコブは中に入り、チャネンは医科大学にひき返す。ふたりは全力を尽くすことを胸に誓った。

15　未知の領域——二〇〇九年七月

ヴォルカー夫妻の許可がないかぎり、ニックの遺伝子を読むことはできない。そこで、ふたりに決断が委ねられた。

一見すると、家族がどう決断を下すかは火を見るより明らかに思える。すでに医師たちはできるかぎりの手を尽くし、残るは骨髄移植のみだが、診断が確定しなければそこにたどり着けない。ニックのDNA配列を解析することが、この袋小路から抜けだす唯一の手段だと考えられる。答えが得られる保証はないものの、そこに賭ける以外に望みはない。夫妻はすでにそうした説明を医師から受けており、ノーというのは息子に死の宣告をするに等しい。

しかし見方を変えると、ニックのゲノムに科学のメスを入れることはけっして単純な問題でなく、軽はずみに手を出せるものではなかった。人間の青写真を覗きみることには、利益と危険がともに潜んでいる。そのことを科学者は最初から認識していた。ゲノムはパンドラの箱である。国家安全保障局が電話を盗聴し、コンピュータがハッキングされ、なりすまし犯罪が横行する現代にあって、ゲノムのなかにあるものは究極の個人情報だ。他人に知られたくはないし、自分自身ですら知りたいかどうかがよくわからない。ゲノムに何かを見てしまったら、もう見なかったことにはできないのだ。自分の未来を、健康を、自分の生と死を垣間見ることになる。

ギリシア神話によれば、パンドラは甕を贈られ、けっして中を覗いてはいけないと釘を刺された。時代とともに「甕」は「箱」に変わったものの、それが象徴するものは同じである。パンドラの箱は抑えきれないほどの好奇心をそそった。だが、それをあけてしまったとき、思いもかけない恐ろしい結果がもたらされた。

現代にあって、それと似たような好奇心と恐怖をかきたてるのがゲノムである。その中身を私たちはどれだけ切実に知りたがっているのか。知ることに伴うリスクを受けいれる覚悟がどの程度あるのか。

そもそも、遺伝子の文字を読むかどうかは本人だけの問題ではない。自分の遺伝子は両親から受けついだものであり、兄弟や姉妹ともその多くの部分を共有している。つまり、ゲノムから何かがわかれば、その結果は周囲の人間にも波及していくわけだ。ニックの遺伝子を調べることは、両親やきょうだいや、ほかの血縁者の遺伝子に埋めこまれた秘密を暴くことでもある。

人間という存在について知りたいとき、ゲノムを調べることほど広範囲にわたる情報を得られるものはない。エクソームにしぼれば範囲は狭くなるものの、やはりあらゆる遺伝子が対象になる。こうした広範なアプローチの長所は、医師の念頭になかったような領域もカバーできることだ。少しも疑っていなかった遺伝子が犯人とわかる可能性もある。その反面、当初の心積もりにはなかった疾患までが洗いだされるおそれもある。[1]

ニックの腸の病気の原因を突きとめるつもりが、たとえばパーキンソン病につながる遺伝子変異を発見してしまうかもしれない。パーキンソン病の症状は初めさほど目立たず、歩行時のふらつきや震えといったかたちで現われる。その後は身体機能が衰える一方で、病気の進行を止めることも、もとの状態に戻すこともできない。いずれは協調運動能力が失われ、認知機能の低下をきたす場合もある。完全に治癒するのは困難とされている。自分がパーキンソン病にかかるかどうかを事前に把握して、元気なうちに人生を最大限楽しみたいと思う人もいるだろう。逆に、自分の運命を知らずに人生を送りたいと願う人もいる。仮にニックにパーキンソン病が見つかれば、両親やきょうだいも同様である可能性が高い。ニックの遺伝子を読みといたばかりに望まない情報が暴かれ、その影響はさざ波のように広がって血縁者全体を苦しめる。

そうなればヴォルカー夫妻も医師たちも、ニックに関して苦渋の決断を迫られる。たとえば、腸の病気の原因を探す過程で、ニックの人生が別の何かによって短く絶たれる可能性を見つけてしまったら、医師はそれを家族に告げるべきなのだろうか。ニックにはそれを知る権利がある？　まだ幼すぎて、その意味するところを理解できないとしても？

たとえ腸の病気の原因以外には何も見つからなかったとしても、両親は重い選択を突きつけられる。アミリンとショーンは自分たちの遺伝子も調べてもらって、その恐怖の遺伝子をニックに渡したのがどちらかを明らかにすべきなのだろうか。それを知ることで生じる罪悪感を、受けとめる覚悟がふたりにある？　ニックの遺伝子に見つかる何かは、ふたりがこの先もうけるかもしれない子供や、さらには孫やひ孫にも影響を及ぼすかもしれない。そういう現実と向きあう心の準備がふたりにできているだろうか。

これだけのことが詰まった箱をあけていいのかどうか。それをヴォルカー夫妻は判断しなくてはならない。

期待は確かに大きい。ゲノムの世界では、たった一個の遺伝子の欠陥で起きる病気が何千とある。ハンチントン病しかり、テイ＝サックス病しかり、フェニルケトン尿症（ＰＫＵ）などもそうだ。こうした病気の場合、遺伝子の文字を調べれば医師はすぐに裏づけがとれ、何が問題なのかを疑問の余地なく患者に伝えることができる。ニックの病気の場合、それが単一遺伝子によるものかどうかは医師たちにもわからない。だが、そうあってほしいし、おそらくそうだというのがアラン・メイヤーの直感だ。

ゲノムの箱をあけたところで、問題が明快になる保証はない。それはメイヤーも重々承知している。私たちはまだ遺伝子について断片的な知識しか得ておらず、機能が突きとめられていないものも多い。そもそも全部で正確にいくつあるのかも定かではない。それを思うと、ＤＮＡを解読してもなお、ニックの病気の明確な全体像がつかめないおそれもある。リスクや確率ばかりが明らかになって、確実にいえることが少ないケースもあるだろう。複雑な病気の場合は、遺伝子の変異があっても罹患のリスクが上がるだけという可能性もあるのだ。たとえば、心疾患にかかるリスクが一五パーセント高まることがわかったとして、それをどう読みかえれば患者のためになる指示が出せるのか。一週間のうちで運動する日をもう一日増やしてみましょう? ピザはふた切れでやめておきなさい?

しかしヴォルカー夫妻にとって、ニックの悲惨な状態の前にはそうした様々な事柄も些細なことにすぎなかった。

「お願い、今すぐ私たちのために祈って」

アミリンがオンライン日記にそう書いたのは七月一四日である。その頃、骨髄移植の専門家であるデヴィッド・マーゴリスと、小児血液がんの専門家であるもうひとりの医師が、ニックに大量の抗がん剤を投与する治療を提案していた。この化学療法は、クローン病の子供に効果のあることが実証されている。ニックの場合、クローン病を想定したほかの治療はことごとく失敗に終わっているものの、これは試してみる価値があると医師たちは考えていた。

その狙いはこうだ。もし化学療法で命を落とすことがなければ(医師たちは大丈夫だと踏んでいる)、免疫系がいったん完全に破壊される。そうすれば、免疫系がリセットされて、正常に発達する見込みがある。[2]

しかし、アミリンはこの「もし」に目をつぶることができない。それまでにも六~七回は、朝までもたないかもしれないといわれてきたのだ。恐怖をふり払うことがどうしてもできなかった。なのに医者たちは、化学療法をするかどうかをすぐに決めろという。これ以上容体が悪くなったら、その治療すらできなくなるからと。

「どういう選択をすればいい？」アミリンは日記に綴っている。「どうすれば正しい決断ができる？　もしも待ったら？　もしも待たなかったら？　どっちに転んでも、息子の命を削ることになるかもしれない」

メイヤーがＤＮＡ解析の話をもちだしたのは、ちょうどそんな時期だった。メイヤーはアミリンに、その行為にリスクや不確実さが伴うことを説明する。ニックの遺伝子からは、つらい情報や恐ろしい事実が明るみに出るかもしれない。アミリン自身にも、ショーンにも、娘たちにも影響が及ぶ可能性もある。

アミリンはじっと耳を傾け、頭のなかで情報を消化する。だが、ためらいはしなかった。今、このときもニックが死にかけているというのに、そんな遠い先のことなど心配して何になる？　大事なのはニックの命だ。息子を助けるためならなんでもするし、それはショーンも同じだった。

「先生たちは、何かハイテクなＤＮＡ解析というのをやりたいと話している」。アミリンは日記にそう記している。「でも、それには事務手続きがたくさんいるし、解析のための設備や資金も見つける必要があるらしい」

科学者は何年も前から、ゲノムにまつわる深遠な問いについて議論を重ね、こうした難しい問題について家族がどう答えを出していくのかを思いめぐらせてきた。プライバシーについて心配し、雇用者や保険会社やハッカーによって遺伝情報が悪用されるリスクがあることにも頭を痛めてきた。ほとんどの人間は、自分のゲノムに刻まれた情報と向きあえるだけの心の強さがないのではないかとも考えてきた。医者が「病気になるリスク」の話をしても、「確実にそうなる」と勘違いしてパニックに陥るのではないか、と。

一方、現場の医師の見方は違う。ヴォルカー夫妻のように、先の見えない苦しい旅を強いられている家族と接していれば、そんな心配が杞憂であることを知っている。

「そういう家族に共通する特徴のひとつは、何があっても驚くほど挫けないということです」。のちにそう説明するのは、国立ヒトゲノム研究所で臨床ゲノム科学を率いるレスリー・ビーセッカー。「こういう経験をしている家族は、困難にもめげません。そうでなくてはならないからです。『私たちは地獄を見てきたんだ。これくらいのことが受けとめられないわけがないだろう?』それが家族の思いなんです」

倫理的な問題や恐怖と、自分の子供の命を秤（はかり）にかけたらどうなるか。アミリンもその答えを科学者に教えてやれただろう。骨髄移植をすれば助かるかもしれないという話が最初にもちあがったとき、アミリンはショーンに「もうひとり子供をつくってニックのドナーにしよう」という話をした。ニックの骨髄の型に適合する者が家族にひとりもいなかったからである。アミリンにとって、そこに倫理上の疑念が入る余地はない。ただ、ニックの命を救いたい一心である。アミリンはすぐにでもそうするつもりであり、結局思いとどまったのは牧師に説得されたからだった。答えを無理やり得ようとしてはいけない、神に委ねなければ、と諭されたのである。

ニックの病気を通して、アミリンは己の信じる力の強さを知った。

家族がニックの遺伝子からどんな情報を伝えられることになろうと、アミリンは恐れてはいない。ＤＮＡ解析を最終承認する段になると、アミリンの目の前には大量の書類が山と積まれた。これに署名しないかぎり、前には進めない。何枚も何枚もあったが、アミリンはろくに目を通しもせず次々にサインしていった。

16 聞いてもらいたいことがある——二〇〇九年八月

ハワード・ジェイコブはウィスコンシン医科大学に着任してほどない頃に、仲間とともに会社を立ちあげていた。研究用のラットを販売する、フィジオジェニクス社である。しかし、三か月ほど前から自分の持ち株をかなり手放してきて、もはや会社の経営に関する発言権はなくなっていた。役員会議に出席するのも今日が最後となる。

会社のCEO（最高経営責任者）兼社長の座を引きつぐのはブライアン・カリー。カリーは今日の会議が「荒れる」のではないかと危ぶんでいた。創業者の権限がなし崩し的に弱められた事例をカリーは目の当たりにしたことがあり、そのときの状況はお世辞にも美しいとはいいがたいものだった。ここ三か月のあいだ協議を重ねてはきたとはいえ、この会社から去るつもりが本当にジェイコブにあるのかどうか、カリーはまだ計りかねている。

ジェイコブがフィジオジェニクス社を設立したのは一九九七年のこと。ラットの研究を通じて培った、専門知識や技術を活用するのが狙いだった。初めのうちは、特定の形質（糖尿病など）をもつように交配させたラット販売していた。そういうラットを購入すれば、科学者は的をしぼった研究をすることができる。だが、会社はしだいに当初のビジネスモデルから離れていき、今ではその特殊なラットを使って科学者や法人顧客向けに研究を請けおうことで利益を上げていた。

じつのところ、ジェイコブは退任することになんの不満もなかった。一年以内には、会社から完全に手を引くつもりでもいる。フィジオジェニクス社をつくった発想は素晴らしいものだったが、ジェイコブが思うに設立のタイミングが早すぎた。あのジンクフィンガー技術が最初からあれば、ずっと速く安価に遺伝子の編集をすることができて、会社はもっと成功していたかもしれない。

会議は緊迫することもなく、和やかな雰囲気で進む。中断や混乱もいっさいなかった。カリーはほっと胸をなで下ろす。

会社の事案がすべて片づいたのを見届けると、ジェイコブは口を開いた。

「聞いてもらいたいことがある。このまま残ってくれるなら、最後にはきっと小切手を書きたくなるような話だ」。誰ひとり席を立たない。そこでジェイコブは、ウィスコンシン小児病院に入院している少年の話をした。その症状のあまりの奇妙さに、診察した医師がことごとく途方に暮れていることも。

「ぼくらはその子の遺伝子を解析して、命を助けてあげられると思っている。これを実現するために力を貸してもらえないだろうか」

ジェイコブは淡々とした口調ながらも、自信に満ちあふれている。すべて話しおえるのに二分かかった。

カリーは啞然とする。患者の全遺伝子を解析すると聞いたからではない。この男は何年も前から、それが自分の目標だといいつづけてきた。カリーを仰天させたのは、自分の創った会社を取りあげられるという話を三か月してきたあとで、ジェイコブがすでに前を向いていることである。

「会社の件はみんなでそう決めたんですから、もう済んだこと。だったら次はニックだ、って思ったわけです」。のちにジェイコブはそうふり返っている。

ジェイコブの話を聞いて、協力しようと決心した役員のひとりがジェフリー・ハリスだ。ハリスはかつて、研究機器を製造販売する会社の法務担当役員を務めていた。その職を退いてからは、フィジオジェニクス社をはじめとする数々の新興企業に投資してきた。ウィスコンシン小児病院に寄付するのはこれが初めてである。後年、ハリスはこう話している。「遺伝子研究の分野でハワードがどんなことをしているかはよく知っていました。だからこう思ったんです。その子を助けるために、もてる人材と技術を結集できないとしたら恥ずかしいことじゃないか、って」

ジェイコブが支援を求めたのはフィジオジェニクス社の経営陣だけではない。不景気でどこも財布の紐は固かったものの、この男は頼るべき方面を心得ていた。それまで関係を築いてきた取引先や同業者、果ては自身の両親にまでニックの話をする。父のディックと母のジャネットは三〇〇ドルを寄付し、それがディックの勤め先からも三〇〇ドルを引きだす結果となった。

一方、エリザベス・ワージーとマイケル・チャネンは、ロシュ社の販売担当者ジョリーン・オスターバーガーに電話をかける。ロシュ社は、ワージーたちが使用している解析装置の製造元だ。ニックのDNA解析をするうえで、ロシュ社に協力してもらえないかとふたりは考えていた。この業界ではこうした提携がめずらしくない。研究者の側は企業の研究スタッフや製品を利用でき、企業のほうは学術論文や講演のなかで自社の名が言及されるのを期待する。注目度の高い研究者であればあるほど、提携による宣伝効果は大きい。

ワージーとチャネンは、アラン・メイヤーからジェイコブに送られたメールの一部を読んで聞かせた。ワージーは母親のような口調で、事態がいかに切迫したものであるかを説明する。オスターバーガーの頭には、自分の三人の子供のことが浮かんだ。このときオスターバーガーは、ひとつの単純な思いにつき動かされたとのちに話している。それは、この研究をすればそ、、、、、、、、、、、の子の命が助かるかもしれない、ということだ。オスターバーガーは、ふたりの要請をかならず上司に伝えると約束する。

じつをいうと、ロシュ社の支援を得てさらなる資金を確保できなければ、このDNA解析を実現するのは不可能だった。ニックは医療保険の生涯補償額の上限二〇〇万ドルをすでに使いきっている。たとえそうでなかったにしろ、うまくいくかどうかもわからないような高額を要する試みに、保険会社が金を出す見込みはまずない。ジェイコブは医科大学と小児病院の幹部にもメールを送り、このプロジェクトに資金を捻出してもらえないかと依頼した。そんな資金はないと全員が口を揃える。だがジェイコブは見逃さなかった。この件を進めていいかどうかについては、誰もひと言も触れていない。だとすればそれは「許可」なのだとジェイコブは解釈した。

「ぼくに『ノー』といわなければ、同意したのと同じですよ」とジェイコブは語っている。

とはいえ、ジェイコブはもとより、ニックを担当する医師や研究者も、自分たちが難しい状況に置かれていることに気づく。ニックの件は研究と臨床の狭間にあって、どちらの倫理規定にも当てはまらないのである。

ジェイコブは小児病院の方針に反しないよう、慎重に事を進めなければならなかった。病院の規則では、ひとりの患者の治療にかかる費用をスタッフが調達することは禁じられている。だから、そういうことではなく、試験的なプログラムを実施しようとしているのだとジェイコブはいい張った。DNA解析を用いることが患者の役に立つかどうかを検証するためなのだと。要は、これは研究だと訴えたわけである。

だが研究だとするなら、院内の治験審査委員会で審議してもらわなくてはならない。人間の被験者がかかわる研究は、すべてこの委員会を通す必要がある。ジェイコブは委員会に、承認か適用除外かを求めた。もちろん、どちらに転んでも前に進めるのを承知のうえでだ。委員長は、ニックの遺伝子の文字を読むことは断じて研究ではないと指摘する。医師と科学者がニックにしようとしていることは医療行為以外の何物でもない。患者の命をなんとしても救おうとするのは、病院が日常的に行なっていることだ、と。委員長は適用除外を認めた。

　実際は、研究でもあり医療でもあるというのが本当のところだろう。病気を食いとめるべくあらゆることを試みても治療法が見つからなかったのだから、ＤＮＡ解析は間違いなく医療行為である。だが、これが研究における非常に大きな一歩である点も見逃せない。この技術は、病気に対するアプローチの仕方を一変させる力を秘めている。しかもそれを他に先駆けて使用しようというのだ。ニックの病気はきわめてめずらしく、ほかに同様の症例報告は見当たらない。しかし、全体でとらえれば希少疾患はいくつもあって、アメリカでは人口の約一〇人にひとりという大勢の人を苦しめている。こうした希少疾患はほとんどが遺伝性であり、その謎は遺伝子に隠されている。[1] つまり、ＤＮＡ解析を用いれば、希少疾患の治療法に革命を起こせるかもしれないのだ。

　ロシュ社は、４５４ライフサイエンシズ社やニンブルジェン社などの買収を通じてＤＮＡ解析事業を築いてきた。[2] ニックのプロジェクトに参加するかどうかは、軽々しく決断できることではない。大企業というのは、行きすぎないよう慎重にふるまう必要がある。ましてアメリカではそうだ。研究の領域から臨床の領域へ越境することに、食品医薬品局（ＦＤＡ）が厳しく目を光らせているからである。チャネンたちが使おうとしているエクソームチップは研究用としてのみ承認されていて、患者向けに使用することは許されていない。ロシュ社のような企業は、ＦＤＡの規則に触れないよう細心の注意を払っている。さもないと、23アンドミー社のような目に遭いかねない。この会社はシリコンバレーに拠点を置き、自社で開発した遺伝子検査キットを一般消費者向けに提供していた。これを利用すると、様々な疾患や状態に対する自分のリスクを知る手がかりが得られる。ところがこの年の七月、ＦＤＡは会社の幹部と会見し、同社が許可なく遺伝子検査キットの販売をしていると指摘した。結局はこの指摘がきっかけとなって、のちの二〇一三年にＦＤＡが23アンドミー社に主力商品の販売停止命令を下すことになる。[3]

オスターバーガーはワージーとチャネンとの電話を切ったとき、ニックのケースは研究プロジェクトとして判断されるはずだと感じた。すぐさまふたりの上司に電話をかけ、ロシュ社がどうかかわれるかについて話しあう。一週間とたたないうちに、オスターバーガーは答えをよこした。必要な解析の一部をロシュ社が請けおう、というものである。

ジェイコブのチームはどうにか危ない橋を渡りおえ、前に進むための資金と承認を手にした。ニックのエクソームを読むのに必要とみられるのは七万五〇〇〇ドル。ジェイコブはその約半分を調達するのに成功し、残りはロシュ社が負担することになった。

17 細く白い糸——二〇〇九年八〜九月

小さじ一杯の血液。

そこから、未知の病気の原因を探る旅が始まる。数週間のうちにこの血液の奥深くにまで潜りこみ、ニックの物語が隠れているところまでたどり着きたいと科学者たちは考えている。いや、ひとつの物語というだけでは終わらない。全巻揃った百科事典だ。何百万というページのなかから、ニックを脅かすドラゴンについて書かれた段落を、あるいはたったひとつの単語を見つけだす。それが狙いだ。

そのためには、血液をDNAに、DNAをエクソンに、エクソンを遺伝子の個々の文字（A、G、C、T）に変えていくことになる。

現代では、遺伝子を調べるのにますます高性能の装置に頼るようになっている。とはいえ、いくつかの作業にはいまだに人の手が必要だ。だから、小さじ一杯のニックの血液をそのまま次世代解析装置にかけるわけにはいかない。血液には、〔脱核していてDNAをもたない〕赤血球、血小板、血漿が含まれていて、DNAを得るにはそれらを取りのぞかねばならないからだ。そのうえで、残った白血球細胞の核に穴をあければ、フランシス・クリックが「生命の神秘」と呼んだものに到達できる。

血液からDNAを抽出するための装置はあるにはある。だが、DNA解析の研究所を率いるマイケル・チャネンは、手仕事でしたほうが個々のDNA鎖がきれいな状態で取りだせるのに気づいていた。その仕事に最も適した手をもっているのは誰か。悩むまでもない。もちろんグエン・シャドリーである。その緻密な仕事ぶりに、チャネンは全幅の信頼を置いていた。チャネンがこの大学に来たばかりの頃、シャドリーに研究所を案内してもらったことがあり、その知識と強い責任感に圧倒されたものだ。

シャドリーは自分の仕事を天職だと思っている。

四人姉妹の長女として生まれ、オハイオ州にある広大な農場で育った。一家は肉牛や乳牛のほか、ヒツジも何頭か飼っていたから、娘たちにはいくらでも仕事があった。小麦、トウモロコシ、大豆の世話をして収穫し、ウシの乳搾りをする。トラクターを駆り、干し草をつくり、夜には家畜に餌をやる。作業はきつく、疲れはてることもしばしばだったが、充実した暮らしだった。一日の日課が終わると、姉妹はよく池へ行って泳いだものである。

シャドリーの父はアマチュア博物学者といったところで、農場での生活や風景を題材にして子供たちを教育した。長女を連れて森に薪を切りだしに行けば、色々な木を指差して名前を教える。ウシを解体すれば、心臓を取りだして複数の心臓弁を見せる。肺を切りわけて、空気が肺を通る仕組みを説明することもあった。

シャドリー自身の好奇心に火がつくのに時間はかからなかった。ある日のこと、母親が冷凍庫の前で悲鳴を上げた。

「冷凍庫をあけたら目玉が睨みつけているなんて、勘弁してちょうだい!」シャドリーがウシの目玉を取りだして、保存のために氷の上に載せておいたのである。

シャドリーは幼い頃から科学に心惹かれていた。科学はあらゆる物事の仕組みを説明してくれ、一見矛盾しているように思える自然のありようを深く理解する手がかりをくれる。旧約聖書の「詩編」に、「わたしは恐ろしい力によって驚くべきものに造り上げられている」〔新共同訳、一三九章一四節〕という一節がある。シャドリーにとって、自分を取りまく自然ほど、そのことをはっきりと示してくれるものはなかった。「色々なものを切りとって眺めてみるのが楽しかったんです」。のちにそうふり返っている。

高校を出たあと、南カリフォルニアにあるキリスト教系の私立大学に進学し、卒業後はオハイオに戻ってトレド大学で発生遺伝学の修士号を取得する。実験ではたびたびショウジョウバエを使用した。

一九九八年、ミルウォーキーに住んでいるときに離婚を経験した。仕事を探しはじめたところ、ウィスコンシン医科大学が研究員を募集しているのを知る。主な仕事はＤＮＡの抽出だ。肥満における遺伝子の役割に関する研究プロジェクトのために、全州から血液のサンプルが集められるのだという。

いざ仕事を始めてみると、農場でこなした日課のようにその作業もとりたてて難しいわけではなかった。人によっては退屈に思えるかもしれない。だが、シャドリーには面白くてたまらなかった。決まった手順がありながら、いくつかのコツをつかんでいないと、難しいサンプルからうまくＤＮＡを取りだすことができない。たとえば、本来なら最終段階でＤＮＡが溶液と分離して姿を現わすはずなのだが、冷凍されていた血液サンプルだと簡単にはいかない場合が多いのがわかった。シャドリーはそのサンプルにグリコーゲンを加えることを学ぶ。そうすると、ＤＮＡの背骨をつくるリン酸骨格にグリコーゲンが結合して、溶液内でＤＮＡが沈殿しやすくなるのだ。また、作業を進めるときには、溶液の入った試験官を電子制御式の振盪（しんとう）機に設置する。溶液は一時間ほど放置する場合もあれば、ひと晩そのままにしておく場合もある。そのように、手元にあるサンプルの特徴に応じて手順を調節するすべを身につけてきた。

ＤＮＡの抽出を始めて一一年目。この作業は単にレシピどおりに行なえばいいものではない。シャドリーはそう信じている。仕事に対する情熱がなければならず、そして自分にはその情熱がある。

血液サンプルが誰のものかが明かされることはけっしてない。それは、今回チャネンから渡されたサンプルも例外ではなかった。だがシャドリーは、これが普通の血液サンプルではないことに気づく。ひとつには、被験者から採血されて一時間もしないうちに届けられたからだ。

それは、この仕事が急を要するものであることを告げている。

チャネンはこの血液が誰のものかも、また、その人が生きているのか死んでいるのかも教えてくれない。ただこう指示しただけである。「優しく、愛情をこめて扱ってほしい。これはとても特別なサンプルなんだ。これまでぼくたちが仕事をしてきたなかで、きっと一番大切なサンプルになると思う」

そして、あとひとつだけつけ加えた。できるだけ早くＤＮＡが欲しい、と。

普段のシャドリーなら、最良の結果を得るには三週間かかると説明している。サンプルに時間をかければかけるほど、抽出できるＤＮＡの量が増えるからだ。だが、時間が重要であることを悟り、チャネンにこう答える。「ひと晩、サンプルを静置させていただけますか。そうしたらほとんどのＤＮＡを抽出できます」

シャドリーが作業をする部屋は、研究所の建物の中でも古い部分に位置している。窓がなく、照明が明々と灯り、小さな居間くらいの大きさがある。室内にはいくつか実験台があって、そのうちの幅一・五メートルほどの低い実験台で作業を始める。近くにはＣＤプレーヤーが置かれ、シャドリーや同僚が作業中にリラックスできるよう軽音楽を流すこともあった。今日はなんの音もしない。サンプルの処理をしているときには、部屋をできるだけ静かにしておきたいとシャドリーは思っている。複数のサンプルを抱えているときには、サンプル同士が接触しないよう細心の注意を払う必要があるからだ。

ニックの血液を使った作業は順調に進んだ。まず、溶液で赤血球を破裂させる。それから遠心分離機に移動し、その高速回転によって血小板と血漿と細胞の破片を分離する。試験管の底に溜まっているのが白血球だ。そこに界面活性剤を加えて細胞膜を壊し、内部のDNAを解きはなつ。次に、細胞に含まれていたほかのもの、つまり、タンパク質や糖、脂質を取りのぞく。そして、残りをエタノールの入った試験管にそそぐ。

それから、優しく左右に揺れる振盪機に試験官をセットする。ここまでで四時間ほどかかった。

次はいよいよ、何度やっても畏敬の念に打たれる部分である。細く白い糸のような、微小なDNA鎖が溶液中を漂い、ひと塊になるのだ。これは肉眼でも見える。その白い糸を眺めていると、生まれ育った農場を、子供時代を、雌羊のお産を手伝ったときのことを思いだす。この糸には、生命そのものが凝縮されていた。

「生命の驚異です」とシャドリーは語る。「人の命を司る暗号。自分が手にしている試験管の中のすべてが、誰かの人生の鍵を握っているのです」

シャドリーはニックのサンプルをひと晩静置させる。翌日の午後、処理の開始から約二四時間後に、シャドリーは二本の小さなガラス瓶をチャネンに手渡した。中にはニックのDNAが入っている。ニックの遺伝子の秘密が、水と見分けのつかない液体となってそこにあった。このサンプルに何が隠れているのか、誰のDNAなのか、そしてこれが何かのかたちで役に立つのか。シャドリーは思いめぐらせる。患者の個人情報を守る規則が厳しいため、たとえ知っていてもチャネンが何も語れないのはわかっている。だから、やるだけのことはやったと満足するにとどめて、仕事をひき渡した。

医科大学には自前の解析装置があり、いずれチャネンがその装置を本格的に使ってニックのＤＮＡを解析することになっている。ただし最初の解析は、支援に同意したスイスの巨大バイオテクノロジー企業、ロシュ社が行なうことになっていた。

チャネンはニックのＤＮＡが入ったガラス瓶のひとつを手にとり、中から大きな一滴分をすくい出すと、別の容器に移してまわりをドライアイスで覆う。それを梱包して、翌日着の便でロシュ社に送った。

ニックの最初のＤＮＡ解析は、コネティカット州にあるロシュ社の４５４ライフサイエンシズ部門で行なわれた。まず複数の長いＤＮＡ鎖を、もっと短い、解読可能な長さに切断する。具体的には、加圧窒素ガスを使って、五〇〇～八〇〇塩基ほどの断片に切りわける。各断片には合成ＤＮＡの小片を結合させる。これはのちのプロセスで標識としての役割を果たすものだ。

次に、これらのＤＮＡ片を特殊なチップに載せる。チップは顕微鏡のスライドグラスくらいの大きさで、ＤＮＡ中のエクソン領域だけをとらえることができる。エクソンとはつまり、タンパク質をつくる指示が記された部分だ[1]。このチップを開発・製造したのは、マディソンにあるロシュ・ニンブルジェン社である。チップが発売されたのはこの年の初め。ちょうどニックの症状がぶり返して、小児病院への再入院を余儀なくされた頃だ。

エクソーム（全エクソンのこと）チップを考案したのは、ロシュ・ニンブルジェン社の上級研究員トマス・アルバートである。DNA解析のスピードが上がり、価格も下がってきたことから、当時一般的だった単一遺伝子検査の多くが将来はDNA解析に取ってかわられるとアルバートは予見した。だったら、DNA解析の敵になるより「味方」になったほうが得策だと判断し、それがきっかけとなって思いついたのがエクソームチップである。

その頃すでに企業は、より短時間に低コストでゲノムを解読する方法を開発してはいた。しかし任意の一部を解析する技術については遅れていて、エクソンだけを抜きだす方法はまだ見つかっていなかった。ヒトゲノムには平均して一五〇塩基ほどのエクソンが二〇万〜三〇万個存在し、それが約三二億の塩基対全体に点在している。エクソン領域に変異があれば、そこからつくられるタンパク質が正しく機能せず、それが大きな病気につながってもおかしくない。鎌状赤血球症、テイ＝サックス病、膵嚢胞性線維症など、様々な病気がこの変異に起因している。

エクソームチップの中核となる技術を開発したのは、ウィスコンシン大学マディソン校の三人の著名な研究者である。この技術のおかげで、ロシュ・ニンブルジェン社は何百万という合成DNA鎖をコンピュータを使って短時間のうちにつくれるようになった。こうした合成DNA鎖が、ゲノムからエクソンを見つけて抜きだすプローブ〔特定の型のDNAと合体するようにつくられた一本鎖のDNA〕として使えることにアルバートは気づく。エクソンだけを選びだせれば、病気との関連が最も強く疑われる箇所に的をしぼることができ、時間とコストの節約になる。

プローブがエクソンだけをとらえる際には、ＤＮＡの基本的な特徴を利用している。何かというと、個々の塩基は決まった相手としかペアにならないということだ。二個の磁石が引きあうように、アデニンはチミンとしか、グアニンはシトシンとしか結合しない。この性質を「相補性（そうほせい）」と呼ぶ。

アルバートのプローブは、エクソンだけをひき寄せて捕獲するようになっている。ひとたびエクソンがとらえられたら、ＤＮＡの残りの（エクソン以外の）部分を洗いながす。次いでチップからエクソンを取りだし、小さなプラスチック製の試験管に入った溶液内に移す。

このエクソンの入った溶液に、緩衝剤となる油液と微小なビーズをともに加えて、全体をよく混ぜあわせる。そうすることによって、油の中に無数の液滴ができる（この状態をエマルジョンという）。いってみれば、油と酢を攪拌（かくはん）してサラダドレッシングをつくるようなものだ。それぞれの液滴は油によって隔てられ、各液滴にはビーズとエクソン片がひとつずつ閉じこめられることになる。

このとき活躍するのが、エクソンの断片に結合させておいた合成ＤＮＡの標識だ。個々のビーズにも、各標識と適合する相補的な塩基配列の合成ＤＮＡがひとつずつ連結されている。おかげで、標識はその合成ＤＮＡに引きよせられるため、どのビーズもターゲットとなるエクソン断片を一個ずつとらえることができるわけだ。

エマルジョンの中には複製酵素も入れてあるので、それぞれの液滴は強力なコピー機となってニックのエクソンを大量に複製する。その結果、一個のビーズあたり同一のエクソンが数十万個にまで増幅される。解析装置で検出するには強いシグナルが必要なので、コピーの数は多いほうがいい。

続いて、解析用のプレートにビーズを広げる。このプレートは標準的な付箋紙ほどのサイズで、表面に多数の小さな窪みがついている。窪みひとつにつきビーズが一個入る大きさだ。すべての窪みがいっぱいになったところで、プレートごと解析装置にセットする。

解析装置はニックのエクソンの各断片を一文字ずつ読んでいく。この処理は高速で行なわれ、たった二四時間で約一〇〇万個の断片を解読できる。これはおよそ一億塩基に相当する数だ。

具体的にどう読んでいくかというと、まず四種類ある塩基が一度に一種類ずつ順番に装置から送りだされる。たとえばA（アデニン）が送りだされれば、ニックのエクソンにある相補的なT（チミン）と結合する。すると、ほかにも付加されている化学物質との一連の反応により、Tと結合したことを示す蛍光発光が起きる。G（グアニン）が送りだされれば、その相補的なC（シトシン）と結合し、Cと結合したことを示す発光が同様に起きる。

こうした発光パターンをCCDカメラで検出することにより、A、G、C、Tがプレート上のどこにあるかを示す地図のようなものができる。

解析装置に付属したコンピュータがその地図を読みとって、ニックのＤＮＡの塩基配列に変換する。次に解析装置は、基準ゲノムをベースにしたアルゴリズムを使って、各断片がゲノム全体のどの部分である可能性が高いかを割りだし、すべての断片を完全な一本の鎖になるように組みたてなおす。[2]

ロシュ社の解析が完了すれば、膨大なデータの第一陣がウィスコンシンにもたらされる。だがエリザベス・ワージーは、それをただ待っているつもりはなかった。ニックの遺伝子の文字と基準ゲノムとの差異は手がかりになるとはいえ、その数は途方もないものになるはずだ。自分たちの準備ができていないと、データの洪水に呑みこまれて溺れてしまう。そこで、七月の第二週以来、ワージーは同僚のスタン・ロールダーカインドとともに医学論文を読みふけり、ニックの主な症状につながりそうな遺伝子を見つけるたびにメモをとっていった。論文では、ひとつの症状に対してひとつの遺伝子ではなく、遺伝的経路（複数の遺伝子が相互作用する道筋）全体との関連が指摘されるケースが多い。そうした場合、ワージーたちは言及されたすべての遺伝子をリストアップする。八月に入る頃には、リストにのぼった容疑者の数が二〇〇〇個超に膨れあがっていた。このリストには、炎症につながるＮＯＤ２のような遺伝子や、胚における腸の発生に役割を担うＧＡＴＡのような遺伝子も含まれている。ふたりとも、自分たちの探している遺伝子がこの約二〇〇〇個のなかにあることを願っていた。

遺伝子を容疑者リストに載せるか否かを判断するうえでは、ふたつの仮定を指針とした。ひとつは、ニックの症状の原因となる遺伝子変異が、体内の重要なプロセスを損なうものだということ。そうでなければ、ニックの病状があれほど重くなるはずがない。もうひとつは、その変異がきわめて稀で、未知のものである可能性が高いことだ。遺伝子自体はすでに知られているものだとしても、それがニックと同じエラーを起こしたことはこれまでなかったに違いない。なぜそういい切れるかといえば、ニックの病気が医学論文のどこにも見当たらないからだ。同じ変異がこれまでにあったのなら、世界のどこかで別の子供がニックのような症状で病院に駆けこんでいたはずである。そうしたらその病院でも、ウィスコンシン小児病院の医師たちと同じように、出口の見えない原因探しに苦しまなくてはならなかっただろう。

ニックの遺伝子変異が推測どおりにめずらしいものだとすれば、塩基配列を見たときに「これが犯人だ」とわかるに違いない。一部の医師たち（とくにアラン・メイヤー）はそういう予感を抱いていた。かならず目に飛びこんでくるはずだ、と。[3]

ワージーにとってこのリストづくりは、結果を待つあいだの準備のひとつにすぎない。可能性のある変異が数千個に及び、しかもそれらがゲノム全体に散らばっているのだとしたら、候補をしぼりこむツールがどうしても必要になる。だがそんなツールなどどこにもなかった。こんなことは研究者になって初めての経験である。依頼された仕事が複雑すぎて、それを成しとげるための手段が存在しないというのだから。ないのであれば、自分でつくるしかない。

18　数千の容疑者——二〇〇九年秋

一個の細胞。

その内部にある黒い細胞核。

そこに収められた二三対の染色体。それがニックの本質を、そしてニックの秘密を隠しもっている。

科学者たちはついに、もてる最良の技術を試す準備を整えた。少年がもつ約二万一〇〇〇の遺伝子を覗きこみ、そこに記された文字を読むのである。これは次世代解析装置のおかげで可能になるものであり、その恐るべき能力はこれまでの装置の比ではない。しかし、それだけではまだ十分ではないのだ。

本書の冒頭に登場した、遺伝子の文字を読むあの超小型カメラの目に戻ろう。科学者たちは今、文字列の九八パーセント以上を事実上無視して、タンパク質をつくるエクソームだけに焦点を当てている。それでも、走査しなくてはならない文字の数は三五〇〇万以上にものぼる。カメラがとらえようとしているのは、ニックの遺伝子と基準ゲノムとのあいだの文字の違いだ。この基準ゲノムが「正常」に最も近いものとされている。何千何万という差異が間違いなく見つかる。これまで小児病院の医師たちをずっと悩ませていたのは、敵の正体がつかめないために何を探せばいいかがわからないという点だった。そしてこの先、ニックの塩基配列と正常な塩基配列とのあいだにある膨大な数の違いを調べるうちに、科学者たちもまた似たような問題に突きあたるだろう。つまり、これらすべての差異のうち、ニックの体内の分子の働きに重大な欠陥をもたらした犯人はいったいどれなのか、である。

*

ハワード・ジェイコブのチームが準備を進めているあいだ、医師たちはニックの病気に対して過激な一手に出る。以前から話題にのぼっていたことではあったが、アミリンはこの処置を恐れていた。シクロホスファミドという強力な化学療法薬を使って、息子の免疫系を破壊するのである。そうしておいて、ニックの幹細胞に免疫系を一からつくり直させるのが狙いだ。これは、いずれ行ないたいと考えている骨髄移植とは違う。ドナーからの骨髄を移植すれば、自分のものとはまったく異なる免疫系を得ることになるからだ。この処置は正式には免疫除去療法と呼ばれており、いわばコンピュータを再起動するのに近い。[1]とはいえ、大変な苦痛を伴うものであり、医師にしろアミリンにしろ簡単に考えていいものではなかった。

処置を開始するとニックの体温は四〇度にまで上がり、一日だけで二〇回も嘔吐する。[2] ある日ニックが手鏡を覗くと、自分の髪の毛がすべて抜けおちていた。少年は肩をすくめ、鏡から目を離した。

それでも、九月の初めには回復を始める。免疫系がうまく再建されたのだ。やがて退院の日を迎える。ニックは落ち葉の山の上で飛びはねたり、ハロウィーンのお菓子をもらいに行ったりできるようになった。もらったお菓子をいくらか食べられるようにもなる。医師たちは病気を再燃させないため、ニックが口にしていいものを一週間に一種類ずつしか増やさせなかった。アラン・メイヤーはアミリンに、ニックの病気が寛解期に入ったと告げる。だが、ふたりともそれが何を意味するかはわかっていた。病気は前にも寛解したことがあるのだ。

この頃、エリザベス・ワージーは新しいプログラムの開発に取りくんでいた。ニックのDNA配列に見つかるはずの違いや特異な点を整理するためである。ワージーは医科大学のソフトウェア開発者と手を組み、ニックの病気の原因究明に役立つまったく新しいツールの設計を始めた。

遺伝子変異のなかには、深刻な影響を及ぼさないものも非常に多くある。したがって、ワージーたちが開発するツールは、そうした無害なものをうまく読みとばしてくれるものでなくてはならない。

これから調べようとしているのはエクソームだ。そこには、体を正常に働かせるためのタンパク質をつくる指示が記されている。だとすれば、解析後に浮かびあがる変異には三つの種類があるはずだ。ひとつは、遺伝子の文字が間違っていても正しいアミノ酸を生成できるような変異。ふたつ目は、正常とは異なるアミノ酸が生まれはするが、アミノ酸がつながってタンパク質ができるプロセスには影響しない変異だ。この場合、アミノ酸のひとつが違っていても、結果的に正しいタンパク質が正しい量だけ合成される。たとえるなら、書籍のいくつかの段落について表現を改めても、意味が変わらないようなものだ。

三つ目は、重要なタンパク質の生成を妨げ、生命維持に必要なプロセスを混乱させる変異である。ニックの病気をひき起こしているのは、この三つ目の変異だと科学者たちは確信していた。ひとつ目やふたつ目の変異と比べて、これはより深刻な問題につながる。[3] いってみれば、本の要（かなめ）となる部分がいきなり抜けおちているか、鍵を握る章が途中で終わっているようなもの。こうした誤りが起きると、必要な情報が得られないために読者は物語を理解することができない。

塩基配列に見られる個体差（これを多型という）と、それが生物の種類に応じてどんな影響を及ぼすかについては、判明している範囲でリストが作成されている。「dbSNP（一塩基多型データベース）」と呼ばれるデータベースには、一文字違いの多型と、それについて明らかになっていることが記録されている。だが、異なるのは一文字だけとは限らない。ほかにも様々なかたちの相違がある。たとえば、ゲノムには同じ文字がくり返される部分があるのだが、人によってそれが一〇回だったり、二〇回だったりする。この種の個体差に関するデータベースもやはりつくられている。どのデータベースも絶えず更新されていて、新たな多型が見つかるたび、あるいは既知の多型について新たな情報が得られるたびに書きかえられていく。

問題は、そのすべてを通覧できるマスターリストが存在しないことだ。たったひとつのツールだけに頼ればいいというわけにいかないのである。手間をかけていくつものデータベースにあたりながら、見つかった遺伝子の差異が無害なものかどうかをひとつひとつ確認していかなくてはならない。これでは、DNAを解析する時間もコストも大幅に増えてしまう。[4]

ワージーに必要なのは、たったひとつのステップで遺伝子変異に関する最新の知見がすべて調べられるツールだ。そのツールには、重要性の低い文字間違いを残らず弾く能力が求められる。

ワージーと同僚は数か月を費やして、それを可能にするソフトウェアをつくりあげた。既存のアルゴリズムを新しいものと組みあわせ、既知の遺伝子多型についてのデータもすべて組みこんである。それもこれもすべて、ニックのDNA配列のなかに意味のある個体差を見つけだし、そこに目印をつけるためだ。遺伝学者がいまだかつて手にしたことのないほど、圧倒的に強力な分析ツールである。

ワージーはこのプログラムを「カルペ・ノヴォ（Carpe Novo）」と名づけた。ラテン語で「新しきをつかめ」という意味である。

ロシュ社から第一陣のデータが到着したとき、ワージーはすでにカルペ・ノヴァの初期バージョンを作動させてはいたが、まだ新しい情報を追加している途中だった。ロシュ社の解析のほうも精度の粗いものにすぎない。複数のエラーが含まれている可能性が高く、それらは医科大学で行なう今後数回の解析で修正されることになる。解析のたびに、新しいスライドを古いスライドに重ねあわせていくようなものだ。解像度が上がって色も濃くなり、画像は鮮明になっていく。スタートを切れるだけの材料は十分すぎるほどに揃っており、ワージーはただちに作業に取りかかった。時間を無駄にしている余裕はない。見つかった差異は、すでに気が遠くなるほどの数にのぼっていた。

かつて免疫学者のジェームズ・ヴァーブスキーは、二万個の差異を突きつけられるのが落ちだと悲観的な予測を口にした。今やその言葉が現実になろうとしている。ロシュ社の解析から、ニックの遺伝子には基準ゲノムと一万六一二四か所の違いがあることがわかったのだ。[5] それだけ大きな干し草の山から、一本の針を探しださねばならない。

ワージーのプログラムは一種のフィルターの役目を果たし、一万六一二四という膨大な数の容疑者をふるいにかけていく。カルペ・ノヴァが容疑者の数をしぼりこんだら、次は探偵作業をする番だ。弾かれなかった変異のなかに、ニックの症状につながるものがあるかどうかを探るのである。

幸い、探偵はワージーひとりではない。デヴィッド・ディモックと密に連携して作業にあたっている。ディモックは小児遺伝学の専門家で、二〇〇八年に小児病院と医科大学に加わった。すでにふたりは一年あまりにわたって共同研究を行なっており、DNA解析を使って肝不全の遺伝学的仕組みとミトコンドリア病の原因遺伝子を調べている。

ディモックは若く金髪のイギリス人である。仕事の際に見せる深い思いやりと成熟した人間性は、人の苦しみと長いあいだ向きあってきた経験からくるものだ。一〇年あまり前にはウガンダの粗末な病院で働き、マラリア、HIV、結核、コレラ、赤痢に苦しむ患者を診ていた。そのほとんどが子供である。病院では毎日、ふたり、三人、四人と子供が命を落としていった。

ウガンダで過ごしたあと、その後の三年間でタジキスタンとアフガニスタンへ赴き、そこで医療チームとともに働く。タジキスタンでは血なまぐさい内戦が終わりを迎えつつあった。先の尖った注射針や清潔な手袋があり、田舎道を車で走っても命の危険を感じない。医師にとっては、そんな些細なことがどれだけありがたいかをこのとき学んでいる。

ディモックはまた、医者が限界を認めねばならぬ場合があることも思いしらされた。こう語っている。「自分にはどうにもならないことというのは確かにあるのです。毎回勝てるわけではないのだと気づけば、自分が無力さを噛みしめているときもそれを受けいれようという気持ちになります。とはいえ、子供が亡くなることほどつらいものはありません。日に二度も三度も経験したからといって、その死に戦慄しなくなるわけではないのです」

越えられない壁に突きあたる場合が医療にはあること。その一方で、人生において子供の死ほどつらいものはそうないこと。この相反するふたつの原理が、長年の経験を通してディモックの体にしみこんでいる。そしてそのふたつの原理は、ここ数年のニックの治療においても働いてきた。だがチームは今、ひとりの子供を救うために、医療の手が及ばなくなるのはどこからかを定義しなおし、医療にできることの限界を押しひろげようとしている。

ワージーは最初の解析データをカルペ・ノヴォにかけ、結果をディモックと話しあった。一緒に仕事をしているとはいえ、ふたりは経歴も強みも異なっている。ワージーは研究者として、忍耐力と集中力を磨いてきた。すぐには成果の出ない研究に長い時間をかけて取りくみ、顔も知らない大勢の患者にいつか役立つと信じながら働くすべを身につけている。一方のディモックは医師でもあり、動きの遅い研究の世界にのみとどまってきたわけではない。恐ろしい遺伝子疾患を抱えた子供もその目で見てきている。だから、そんな子をもつ親の気持ちがある程度はわかったし、「前の日に診断がついていさえすれば」という思いも味わったことがある。

ふたりの役割は入りまじることもあったが、主にワージーが大量のデータを解析し、得られたものをディモックが臨床医の立場から検討した。ワージーはコンピュータを使って、ニックの全エクソンの塩基配列のなかから情報を掘りおこす。ディモックはそれをニックの症状と照らしあわせ、その遺伝子変異が起きたら体内でどんな問題が生じるかを考える。第一陣のデータをくまなくチェックしおえた頃に新たなデータが到着し、ふたりはそれも調べながら容疑者候補をしぼりこんでいった。

九月の終わりには、マイケル・チャネンがニックのＤＮＡ解析をさらに三回実施する。チャネンの勤務時間は八日間で九二時間に及んだ。これがうまくいけばとてつもない快挙だというジェイコブの言葉を、チャネンは深く心に刻んでいた。科学の観点からいえば、解析装置がきちんと仕事をして、ニックの遺伝子について正確な全体像が得られればそれで成功とみなされる。結果的に少年の病気の謎が解ければ、さらなる偉業とされるのだろう。だがチャネンは、ここで何が本当に問われているのかを自分なりに考えていた。ニックと家族にとって、「成功」の意味合いは科学界のものとはまったく違っているはずである。病気を理解するだけでなく治療にまでつなげられなければ、ヴォルカー夫妻にとって成功とはいえない。チャネンは家族の視点に立つことに決めた。ニックの命が助からなければ、自分たちは失敗したのである。

一〇月の初め、チャネンは最後となる五回目のＤＮＡ解析を完了した。この時点で、ニックのエクソン断片を一個につき平均三四回読んだことになる。これだけ念を入れれば、変異を検出しそこなっている可能性は大幅に減る。

ワージーとディモックはこの最後の解析により、疑わしい遺伝子の候補を当初の一万六〇〇〇個あまりから三二個にまで減らすことができた。どの遺伝子も容疑者として有望に思える。ふたりは医科大学の大きな会議室で、ほかのプロジェクトメンバーとともに会議を開き、現時点で得られた結果について話しあった。ワージーとディモックは三二の容疑者について説明しながら、ふたりがとくに興味をそそられた二個の遺伝子に焦点を当てる。ひとつはＣＬＥＣＬ

1という遺伝子で、免疫系の調節にかかわっている。事前に二〇〇〇個超の容疑者をリストアップしたとき、ワージーはすでにCLECL1に目をつけていた。

ふたりが関心を寄せるもうひとつの遺伝子がXIAPである。この遺伝子も免疫系に影響を与えるのだが、ワージーが以前つくった容疑者トップ二〇〇のリストにすら入っていない。会議の場では、この遺伝子を疑問視する声がとくに免疫学者たちから上がった。XIAPの変異でこれほど恐ろしいことが起きるなら、すでに炎症性腸疾患との関連が指摘されているはずである。だが、免疫学者たちは医学論文を熟読して、XIAPにそんな経歴がないのを知っていた。

チームが作業を進めるあいだも、ワージーはカルペ・ノヴォのアップデートを続けていた。そうするうち、容疑者候補について新たな知見が得られていった。その結果、先にしぼりこんだ三二個の容疑者のうち、いくつかは除外できることが明らかになる。弾かれたなかには、かつて有望に思えたCLECL1があった。新しいデータベースにより、ニックのようなCLECL1の多型がじつはかなりの頻度でみられることがわかったのである。CLECL1が犯人だとしたら、ニックと同じ病気の患者がこれまでにも大勢いたはずだ。しかし、今まで色々な調査を行ない、全国の医療関係者にも問いあわせたが、ニックのような症例はただのひとつも見つかっていない。

CLECL1やほかの容疑者を除外することで、当初は一万六〇〇〇以上あった怪しい変異は三二に、そして最終的に八個にしぼりこまれた。ワージーは現時点での結果を検討するため、ヴァーブスキーら免疫学者と再び話しあうことにする。そのための準備として、最後に残った八個の容疑者について詳細な報告書をまとめた。

それがワージーの思う「最終候補リスト」である。

CLEC1は除外されたものの、リストにはもうひとつ興味深い遺伝子が含まれている。GSTM1だ。この遺伝子は、ワージーが設けた数々のふるいをすべて通りぬけた。GSTM1がつくるタンパク質は、細胞膜を通して化学物質を排出する作用に関与している。体内から有毒な化学物質を取りのぞくうえで、不可欠なプロセスだ。この遺伝子に変異が起きれば、命にかかわるような事態を招いてもおかしくない。たとえば、水銀に汚染された魚を食べたときに、細胞から水銀を押しだせなくなってしまうのである。

ただ、この候補にはひとつだけ問題がある。ニックはこのプロセスに欠陥があって病気になっているわけではないということだ。それは医師たちも重々承知している。ニックが病気なのは、何を食べても腸に穴があくからである。この症状は炎症性腸疾患として括られる病気につながるものであり、そのことがワージーをXIAPにひき戻した。

この遺伝子は免疫系を調節する働きを担っているものの、これが犯人だと本気で疑っている者はひとりもいない。だがワージーは当初から、どうも怪しいという思いを拭えずにいた。XIAPがこれまで誰にも注目されずにきたこと自体が、ある意味それを物語っているような気もする。自分たちが探しているのは、尋常ならざる何かだ。もしかして、論文を検索してもXIAPのことが出てこないのは、この遺伝子に変異をもつ患者を医師たちがほとんど目にしていないからではないか。変異がほぼ起きないのだとすれば、それはその遺伝子に重要な機能があるからだ。変異したらまず間違いなく生きてはいられないような重大な何かが。とはいえ、ニックの担当医たちはもとより、まず自分自身を納得させるために、単なる直感の域から抜けださなくてはいけない。

そこでワージーは、ニックのXIAP遺伝子にたった一文字スペルミスが起きることで、雪崩式に体内でどんな影響が波及していくかを段階を追ってたどった。まず最初の変化は、この些細な間違いのせいで異なるアミノ酸がつくられることである。何かのタンパク質が生成される際には、構成要素のアミノ酸の一部が別のものに置きかわることがないではない。だが、この遺伝子のつくるタンパク質の場合、問題の箇所のアミノ酸はいつも決まって同じだった――ニックを除いて。

そのアミノ酸はほかの数百個のアミノ酸とつながって長い鎖となり、やはりXIAPと呼ばれるタンパク質を構成している。XIAPタンパク質が正しい形と構造をとるためには、その位置に正しいアミノ酸がつくられていることが不可欠なのではないか。ワージーはしだいにそう考えるようになる。なのにニックの場合は、その場所に通常と異なるアミノ酸が位置してしまっている。

ワージーはニックのXIAP遺伝子を詳しく調べた。きちんと確信をもったうえで、自分の発見をほかの人たちに提示したかったからである。そして二〇〇九年一一月一六日、午前八時四一分、ワージーはニックのプロジェクトにかかわるメンバーに電子メールを送る。書きだしはこうだ。「おはようございます。メイヤー先生の患者のエクソーム解析の結果についてご説明したく、会議を開きたいと存じます。XIAP遺伝子に変異が見つかりました」[6]

メイヤーをはじめとする医師たちにとって、ニックのDNA解析からなんらかの答えが得られたかもしれないとの知らせはこれが初めてである。メイヤーはメールを受信するとすぐに、この遺伝子の基本情報を調べはじめた。わずか数か月前、ワージーとスタン・ロールダーカインドが医学論文を探しても、XIAPとニックの症状を結びつける情報は皆無だった。だからこそこの遺伝子は、二〇〇〇個超の容疑者のなかに入っていなかったのである。

だがその後、新しい論文が出ていた。八月に『米国科学アカデミー紀要』に掲載された論文で、カリフォルニア大学サンタバーバラ校の研究者たちが、XIAPタンパク質と炎症性腸疾患との関連を指摘していたのである。

メイヤーはたちまちその重大さに気づく。ワージーはニックのXIAP遺伝子にきわめて稀な変異を発見したのだ。この変異はXIAPタンパク質を変化させる。そして今、この論文で、ニックのような病気にXIAPタンパク質がなんらかの役割を果たしている可能性が初めて示唆されていた。

ワージーのメールを受けとってから数時間後、今度はメイヤーがチームメンバーにメールを送る。くだんの論文のコピーと、それに対する論評も添付した。論文からわかるのは、ＸＩＡＰタンパク質が腸内細菌を見分けるうえで重要な役割をもつこと。メイヤーはメールのなかでそう説明する。私たちの免疫系は、腸内の悪い細菌を見つけだしてそれを除去するようにつくられている。ところがＸＩＡＰタンパク質に問題があると、免疫系は良い菌と悪い菌を区別できなくなり、攻撃すべきでないときに腸を攻撃するおそれがあるわけだ。しかもＸＩＡＰ遺伝子は、このタンパク質の構造を保つうえで大切な役割を果たしているようでもある。遺伝子が正しく機能しないとその構造が崩れ、タンパク質は本来の力を発揮できない。こうして彼らは、ひとつひとつ証拠を積みかさねて事件の全貌を組みたてていった。[7] ＸＩＡＰの指紋はいたるところに残されていた。

だが、ワージーはここで気を緩めることなくニックのエクソームに立ちもどり、残り七つの容疑者についても、それぞれに変異があったらどんな筋書きが起こり得るかを詳しく確認していった。

結局、ＸＩＡＰが犯人ではないかという思いは強まる一方である。ワージーとディモックは、ＸＩＡＰ遺伝子にニックのような変異が起きたらＸＩＡＰタンパク質にどんな影響が及ぶかをさらに調べた。すると、結果的にそのタンパク質の生産量が減少していることがわかる。少年の白血球では、必要な量の六〇パーセントしかＸＩＡＰタンパク質がつくられていなかった。これは、DNAの塩基配列の変化によって、本来あるべき機能が妨げられていることを示す強力な根拠といっていい。

それでもディモックはひとつの疑念を拭えずにいた。確かに、ニックの免疫系の異常はこの遺伝子変異が原因に間違いないだろう。しかし、炎症性腸疾患を起こし、腸に潰瘍ができて穴があくこととは無関係という可能性はないだろうか。その点に迷いがあった。

ワージーのほうにはもっと強い確信があり、この遺伝子を最有力容疑者と決める。最有力なのだからと、会議で免疫学者たちに見せるリストの一番最後にこの遺伝子を据えた。それからすべての情報を整理し、皆が自分と同じ結論にたどり着けるように、つまり犯人はXIAPに違いないと納得してもらえるように、明確な道筋を組みたてた。

ところが、はからずもその判断が裏目に出る。会議では免疫学者たちがほかの容疑者を入念に検討していったために、時間が足りなくなってしまった。XIAPについては議論すら始められないまま、閉会せざるを得なくなる。ワージーは、今日触れられなかったものこそが自分の最有力候補なのだと告げることしかできず、肩を落とす。

しかし、会議のあとでメイヤーと話をしたとき、そのもどかしさは和らいだ。メイヤーはワージーの分析結果についてじっくりと考え、例の新しい論文も見直して、それらが意味することを理解していた。

そしてこういい切った。「犯人はXIAPだ」

19 犯人――二〇〇九年一一〜一二月

ニックの病気に初めて納得のいく説明がつきそうだった。エリザベス・ワージーの考えるとおりだとすれば、ニックの体内で起きている問題はすべて、このきわめて小さなエラーに端を発している。つまり、約三二億個の塩基対のうちたったひとつが間違っていたことにだ。

このエラーはX染色体上に位置していた。X染色体は、二種類ある性染色体のひとつである。男児はX染色体とY染色体を一本ずつ、女児は二本のX染色体をもっている。X染色体上にはいくつもの遺伝子があり、そのひとつがXIAPだ。「XIAP」とは、「X染色体連鎖性アポトーシス阻害因子（X-linked inhibitor of apoptosis protein）」の頭文字をとったもの。恐ろしく長い専門用語だが、その意味するところはじつに単純である。正常に機能すれば、アポトーシス（細胞の自死作用）を防ぐことに一役買っているということだ。

XIAP遺伝子上の、とある一か所を読むと、基準ゲノムの正常な塩基配列では「チミン－グアニン－チミン（T－G－T）」となる。ところがニックの場合はそこが「チミン－アデニン－チミン（T－A－T）」になっていた。Gの代わりにAがくるという、いわばスペルミスに相当するものがあったのだ。

この一文字のエラーの影響は外側に広がっていき、ひとつの結果が次の結果を呼んで、ニックの体内の本来のありようを変えていった。この三文字の短い塩基配列で一個のアミノ酸ができ、そうしたアミノ酸が五〇〇個近く鎖状につながってＸＩＡＰタンパク質になる。問題のアミノ酸は、全体の二〇三番目にあたるものだ。塩基の一文字が間違っていたために、通常ならシステインであるべきところ、ニックの場合はチロシンがつくられている。[1] 二〇三番目のアミノ酸が異なっていたせいで、結果的に体内で生産されるＸＩＡＰタンパク質の量があまりに不足してしまった。量が十分でなければ、あるきわめて重要な役割が果たされない。このタンパク質は細胞死を防ぐだけでなく、もうひとつ機能があると考えられるのだ。最近の論文で明らかになったとおり、食物を摂取したときに免疫系が腸内の細菌を正しく見分けて、腸を攻撃しないようにすることである。[2]

遺伝子のスペルミスのせいで、この上なく恐ろしい運命がニックを襲った。この仮説が正しければ、ニックがあれだけ手術室へ送られたことも、朝までもたないと両親が何度となく告げられたことも、すべてはたった一文字の間違いが原因だったことになる。四四〇〇万語あるオンライン版『ブリタニカ百科事典』に、一文字だけ誤植があるところを思いうかべてほしい。ニックのエラーはそれよりも小さい。

ＸＩＡＰが犯人だという見方には、これまでのところ間接的な証拠しかない。例の論文はＸ

ＩＡＰ遺伝子全体と炎症性腸疾患との関連を指摘しているだけであって、ニックのような特定の変異について検証しているわけではなかった。一歩進んで治療の可能性を探れるようになるためには、まず自分たちの見つけたエラーが正しいことを確かめ、それがニックの病気へとつながる流れを具体的に把握する必要がある。遺伝子の文字の違いがアミノ酸の違いを生み、それがタンパク質の働き方を変えるという、そのプロセスの全容を解明するのだ。また、なぜこの病気が一件も報告されていないのかについても答えを出さなくてはいけない。どうして一連の症状が現われるのか。なぜそれがニック以外の人には起きないのか。納得のいく理屈がいる。

ワージーは、ほかの人のゲノムにもニックと同じエラーがないかどうかを確かめることにする。同じエラーが起きているのにその人が病気でないなら、まだ犯人探しを続けなければならない。つまり、真犯人はまだニックのＤＮＡのほかの場所に潜んでいることになる。

二〇〇九年の時点で、公開されているヒトゲノムは十数人分しかなかった。地球上に約七〇億の人間がいることを思えば、あまりに少ないサンプル数である。ワージーとディモックは公開済みのゲノムを確認してみるが、同じ変異をもつ者はひとりもいなかった。だが、十数人と比べただけでは、それが稀な変異と断定することはできない。

そこでワージーは調査の範囲を広げ、コールド・スプリング・ハーバー研究所で開かれた学会の場で科学者たちと個人的に接触した。ここは、ジェームズ・ワトソンが今も働く非営利の研究所である。科学者たちはそれぞれ、非公開のゲノムにアクセスすることができる。それは未発表の重要な研究のベースとなるものなので、情報は固く守られている。研究者にすれば、論文にする前に自分が取りくんでいることを明かしたくなどない。だがワージーは、謎の病に苦しむ子供のことを話し、調査できるすべてのゲノムについてＸＩＡＰの塩基配列だけでいいからチェックしてみてほしいと頼む。その変異が遺伝子上のどこに存在するかも具体的に伝え、科学者なら誰もがもっているはずの本能に訴えた。ワージーはこう語っている。「みんな、人を助けたいから科学の世界に入るんです。人の役に立つことをしたいから」

ワージーに有利に働いた要素がもうひとつある。話をした科学者の大半が三〇代か四〇代で、自身にも幼い子供がいたのだ。だから、わが子を苦しめる病気の原因を是が非でも知りたいという親の気持ちが痛いほどわかる。内心では、ゲノムのデータを共有すべきだと信じている人がほとんどなのだとワージーはいう。科学者たちは依頼を受けて調べてくれた。

ディモックもやはりほかの科学者に電話をかけて、同じことを頼んでいた。誰か、幼い男児の奇妙な塩基配列を見たことがありませんか、と。ふたりは合計二二〇〇人ほどのヒトゲノムを確認する。ニックと同じエラーをもつ者はひとりもいない。[3]

だが、ワージーとディモックはヒトゲノムだけで終わりにはしなかった。すでに世界中で様々な生物のゲノム解析が完了していて（ショウジョウバエ、ラット、マウス、ウシ、ニワトリ、チンパンジーなど）、どの生物もＸＩＡＰに相当するタンパク質をつくっている。[4] こうした異なる種のゲノムについては、国立生物工学情報センター（国立衛生研究所傘下）を通じてデータを入手できる。ワージーとディモックは、見つけられるかぎりすべての種についてゲノムを確認した。

ニックをニワトリやショウジョウバエと比べるのはどうかと思うかもしれないが、科学はゲノムを大きな視点でとらえるものだ。どんな生物にも遺伝子の文字があり、多くの種がかなりの割合で共通の遺伝子をもっている。たとえばヒトとショウジョウバエでは、遺伝子の六割もが同じだ。異なる生物間で塩基配列を比較すると、どこまでの差異なら自然が許容してきたかがわかる。と同時に、自然が変化を許さない部分も見えてくる。すべての生物について同じ塩基配列が求められる場所が。言葉を換えるなら、塩基配列がどうなっていれば自然界でうまく生きていくことができ、どうなっていたらそれができなくなるかが明らかになるのだ。

ふたりは様々な種の塩基配列を次から次へと見比べていったが、ニックと同じ変異をもつ生物はひとつもないとわかる。それが意味するところは明白だ。

ワージーは次のように説明する。「どんな生物でもこの位置にシステインがきているのだとしたら、それは間違いなく重要です。その部分がこれまでずっと、変化を許されてこなかったということだからです。変わってしまったら、いうまでもなくよからぬことが起きて、その系統はそれ以上進化することができない。だからすべてがシステインなんです」

ニックを除くすべてが。

進化の観点からすれば、ニックと同じ塩基配列をもつ生物は生きながらえることができない。この塩基配列は死に等しいのだ。

しかもこの変異は、医師たちが思っていた以上に危険なものであることが判明する。それまでワージーもディモックもアラン・メイヤーも、腸に炎症が起きて穴があくというニックの現在の症状だけに注目していた。ところが驚いたことに、この同じ変異がもうひとつのきわめて稀な病気をもたらしていたことが明らかになる。外部機関に委託した血液検査によってもそれが裏づけられた。その病気は「X連鎖リンパ増殖症候群（XLP）」と呼ばれ、男児だけが罹患する。XLP自体はめずらしい病気なのだが、これを発症すれば、人間にとっては少しもめずらしくないエプスタイン・バー（EB）ウイルスを撃退できなくなる。そしてEBウイルスに感染すると、伝染性単核球症〔EBウイルスに初感染したときに過剰な免疫反応によってひき起こされる急性感染症〕にかかるおそれがあるのだ。幸いにもニックは今のところこの病気を免れていた。だが、XLPは体内に埋めこまれた時限爆弾のようなもの。この病気をもつ男児のほとんどが、一〇歳を迎える前に死亡している。

ほかのXLP患者にはニックと同じ遺伝子変異が見られない。別の変異を通じて同じタンパク質が影響を受けて、この病気にかかっていた。XLPの唯一の治療法は骨髄移植である。それはまさしく、謎の腸疾患を治すためにニックの母やメイヤーらが行ないたいと訴えていた処置にほかならない。それまでは、骨髄移植にゴーサインを出すだけの正当な理由がなかった。XLPという診断がついたことで、その理由ができたわけである。

実際のニックの状態は、誰の想像も及ばないほどに複雑だったことがDNA解析によってわかった。と同時に、治療の可能性も浮かびあがった。不透明なのは、骨髄移植で両方の病気が治るのかどうかである。[5]

この時点では、ヴォルカー夫妻はまだ何も聞かされていない。XIAPについても、ふたつ目の病気のことも、骨髄移植に進むための正当な理由が見つかったことも知らなかった。一家は病気のことをなるべく忘れて過ごしていた。ニックが最後に退院してから六週間がたち、一〇月には五歳の誕生日を迎えた。幼稚園に行ったり、遊んだり食べたりもできるくらい元気になっている。ニックの様子を見ていると、まるで失われた時間を取りもどそうとしているかのように思えるときもある。ニックは空腹で目を覚まし、一日中食べ物を欲しがった。

アミリンは拒まない。ショーンと一緒にこの数週間をいつくしみ、正常な暮らしに戻れたかのような幻想に浸った。だが、できるだけ考えまいとはしているものの、ドラゴンが眠っているにすぎないことをふたりとも知っている。

ニックのDNA解析が進められているあいだ、メイヤーもほかの医師たちも家族に期待を抱かせすぎないよう注意を払ってきた。この最後の検査もこれまでと一緒で、答えが出ない可能性があると念を押している。アミリンは、医師たちが予防線を張りながら説明するのに耳を傾けながらも、内心ひそかに確信をもちつづけた。DNA解析はかならずニックの病気の謎を解いてくれる。息子の問題がどこからきたかということまで考えた。自分の遺伝子じゃない。そう、きっとショーンのだ。

一一月中旬、ある金曜日の午後、アミリンの携帯電話が鳴る。

メイヤーからだ。こう切りだした。医師たちが色めきたっている、もしかしたら原因となった変異が見つかったかもしれない。

ハワード・ジェイコブがニックのDNA解析を引きうけてからというもの、メイヤーには自信があった。見ればそれが正しい変異だとわかり、ニックの病気の謎が一気に腑に落ちるに違いない、と。真犯人なら、突出した何かを感じさせるはずだからだ。

今のメイヤーは、自分たちが病気の原因を間違いなく突きとめたと考えている。だが、そう受けとられるような物言いはしないように努めた。胸の高ぶりを抑え、落ちついた口調で話す。ヴォルカー夫妻はすでに、あまりにもつらい思いをしてきた。期待を空振りに終わらせるような真似だけは絶対にしたくない。

電話の反対側では、今耳にした情報がアミリンの頭を駆けめぐる。もしかしたら……原因となった変異が……。

アミリンはすべてを教えてほしかった。何ひとつ隠さずに。

「わかりました。なんの病気ですか？　あと何年生きられるんです？　悪い知らせを先に話して」

メイヤーは、X染色体上の遺伝子変異がニックの腸の病気の原因らしいと説明する。それだけではない。これまで表面化していなかったものの別の病気がニックの体に潜んでいて、同じ変異がその病気にも関与しているという。このふたつ目の病気についてはまだ正式な診断ではないと聞き、アミリンはそのわずかな不確かさに飛びつく。診断を確定する段になったらきっと新たな発見があって、医師たちは考えを変えるかもしれない。あれほど答えを待ちのぞんできたのに、いざそれを手にしてみたら、これが最後の答えではないはずだという望みにすがりつく自分がいた。

今聞いた話が確かなら、ニックはひとつどころかふたつの希少疾患を抱えていることになる。一〇代になる前に、どちらの病気が息子の命を奪ってもおかしくない。不意に色々なことを聞かされて、急には情報を消化しきれなかった。しかし、DNA解析の余波はまだ始まったばかりだった。

遺伝子に記された情報には、本人のものでありながら、本人だけのものではないという面がある。ヴォルカー夫妻はまもなくその現実を突きつけられようとしていた。これは、ゲノム時代ならではの難しい状況といえる。解析が始まる前、こうしたすべてについて説明を受けてはいたが、当時は一刻も早く病気の原因を知りたいという思いが先に立って、そんな話にまであまり気が回らなかった。だが、ニックのDNAの中身はほかの家族にもかかわってくる問題だったのである。アミリンが何気なく考えていた問いが、ついにヴォルカー夫妻と担当医たちに投げかけられることになった。つまり、ニックの変異はどこからきたのか、である。

遺伝子変異には母親由来のものと父親由来のものがある。また、遺伝によって受けつがれるのではなく、遺伝物質の複製や細胞分裂にエラーが起きて変異が生じることもある。ニックの場合はどうかをなぜ探る必要があるかといえば、母親や父親や姉妹たちにも同じ変異があるかどうかが確かめられるからだ。

ニックの変異の原因如何によっては、ヴォルカー家は変異をもつ者ともたない者とに分かれるだけでなく、自分の状態を知りたい者と、それを知ることなく人生を送りたい者とに二分されることになるかもしれない。

それまで、ゲノムをめぐるこうした厄介な問題はほぼ理論の域を出ていなかった。歯ごたえのある題材として、学会や科学誌で論じられるにとどまっていたわけである。この種の問題を検討する際の手法についても、科学界ではまだ見解が統一されていない。だが、すべてはニック・ヴォルカーのDNA解析とともに一変した。一足飛びに現実のものとなったのである。立ちどまって考えている時間はほとんどない。ニックの病気は、家族と医師たちに今すぐ選択することを迫っている。

そこで、メイヤーの電話から数日たったある日の朝、アミリンはデヴィッド・ディモックに会いに行き、DNA解析で明らかになった内容と、決断しなければならない様々な問題について話を聞くことになった。ディモックはニックの遺伝子変異について説明し、ふたつの病気（すでに新たな病気の診断も確定していた）のことと、少なくともそのふたつ目の病気を治療するために骨髄移植が必要であることを伝える。腸に穴があく最初の病気に関しては、やはり骨髄移植が有効であるのを願うしかない。ただし、見つけた変異に間違いがないと確認するため、ニックの血液を連邦政府公認の臨床研究所に送って検査してもらわなくてはならないとつけ加えた。

それからディモックは、母親の遺伝子にも同じ変異があるかどうかを見極めるために、アミリンの血液も調べさせてほしいと切りだす。そして慎重に言葉を選びながら、その結果によっては、アミリンにも、アミリンの子供たちにも、血縁者にも関係する問題が浮上する可能性があると説明した。ニックの遺伝子に変異があったという事実は、アミリンの子孫が家族計画を考えるときに何世代にもわたって影を落とすことになるのだ。アミリンのＸＩＡＰ遺伝子を検査するには本人の同意がいるため、ディモックは同意書を差しだし、それに署名してもらいたいと伝える。アミリンは同意書の質問事項に目を落とす。そして、科学に自分の遺伝子を覗かせるというのは、こんなにも奇妙なものなのかと思った。ディモックが質問事項をひとつひとつ読みあげていく。

「あなたはニコラスの母親ですか？」

アミリンは驚く。私が母親かどうかですって？　本気で訊いてるの？

「ショーンはニコラスの父親ですか？」

答えはどちらもイエスだ。決まっているではないか。

だが、こんな不快で奇妙なことを尋ねなければならないのも、無理からぬことなのだ。ＤＮ

Ａ鑑定全体の三〜四パーセントほどで、親子関係になかったことがはからずも明らかになっている。[6]つまり、ハンチントン病の遺伝子を探すつもりが、それまで父親と呼んでいた人が厳密にはそうでなかったとわかることもあるわけだ。ＤＮＡは私たちの秘密を暴く。

同意書の最後で、アミリンはふたつの質問への答えを求められた。検査によってどんなことが起こり得るかを理解したうえで、それでも自分のＤＮＡを解析してもらいたいか、そしてその結果を知りたいか、である。

どちらもイエス、だ。

今のアミリンには、自分のＤＮＡを知ることで何がどうなるかを思いなやんでいる余裕がない。一番大事なのはニックのことだ。九月に免疫系を破壊して再建したおかげで、今は寛解期に入っている。ここ数か月は普通の食べ物を口にすることもできている。しかし一二月に入ると、寛解期が終わったらしき徴候が現われはじめていた。体重がまた減ってきているのである。長く苦しい入院期間が終わって、あれほど元気いっぱいだったのに、急にぐったりとだるそうにしている。

ニュースでは豚インフルエンザのことが盛んに報じられていたので、アミリンはニックがそれにかかったのかと考えた。いや、ひょっとすると伝染性単核球症だろうか。もしそうなら恐ろしいことになる。ＸＬＰの男児がその病気におかされたら、まず命はないのだから。

あるいはもしかすると、普通の食事をさせたことが病気を目覚めさせたのかもしれない。腸に新たな細菌がすみついたために、免疫系がまた暴走を始めたのだ。メイヤーはそうに違いないと考えていた。だとしたら、病気に大人しくしてもらう方法はすでにわかっている。腸を使わせずに、静脈栄養のみにすればいい。そのうえで抗生物質を投与して腸内の細菌を減らし、タクロリムスという薬で免疫系を抑制する。あいにくこれは目先の解決策でしかない。静脈栄養のみを続ければ最終的に慢性的な肝疾患につながるし、タクロリムスにも腎臓への副作用がある。

アミリンは再び息子を小児病院に連れていく。今の状態の原因がなんであれ、そのせいでまたクリスマスを病院で過ごすような羽目にだけはなりたくないと願いながら。とはいえ、甘い望みを抱いてはいなかった。病院のそばにあるドナルド・マクドナルド・ハウスに戻ると、自分の部屋で枕に顔をうずめた。

「地獄ってきっとこんな感じね」。アミリンは日記にそう綴っている。

ニックの回腸（小腸の末端部分）は膿と潰瘍で覆われていた。もう二度と普通の食事はできないのではないかとアミリンは恐れた。クリスマスの数日前になると、ニックは感情を爆発させる。「ぼくの食べ物返して！　食べ物ちょうだいよ！　治らなくっていい！　病気でいいから食べさせて！」

それまでも息子がどうしようもなく食べ物を恋しがるのを見てきた。でも、ここまで怒りを露わにするのは初めてである。普段のアミリンは、ニックが欲しがるものをできるだけ与えるようにしている。ギフトショップで見かけたおもちゃもそうだし、生活の質を上げるために病院の外に出ることもそうだ。けれども今は、食べ物を口に入れさせないというルールだけは絶対に譲れない。息子がどんなに泣きわめいても、それを叶えてやるわけにはいかないのだ。

アミリンは、小児病院で迎えるクリスマスよりももっとひどいことがあるのを知っている。去年、病気の子をもついくつかの家族と親しくなり、そのうちの何家族かが子供を亡くした悲しみに耐えるのを目の当たりにしたのだ。

「その気になれば、病院のクリスマスだって我慢できるかもしれないし、楽しいものにだってできるかもしれない」。アミリンは日記にそう記す。「ふん、どうせ私はほとんどどんな場所だってご機嫌になれるわよ。でも、病気はニックから家庭も家族も、クリスマスの色々なお楽しみも奪ったうえに、食べ物も飲み物も取りあげてしまった。A1ソース〔ステーキソースの銘柄〕のかかったステーキもなければ、クリスマス・クッキーもチョコレートのサンタも、あの子には何ひとつない」

ニックが病気の新たな猛攻を受けて闘っているあいだも、小児病院と医科大学の研究者たちは、見つけたものが間違いなく犯人であることを裏づけようと努めていた。XIAP遺伝子の塩基配列が原因だと断定するには、あとひとつ重要なステップが残っている。変異のせいでニックのXIAPタンパク質が通常の六〇パーセントしかつくられていないことは、ワージーとディモックがすでに明らかにした。しかしそれだけでは、変異が病気をひき起こしていることの証明にはならない。何かのタンパク質の生産量が通常より少なくても、健康な生活を送っている人は大勢いる。だから、その変異がニックの細胞の機能を実際に損なっていることを確かめなくてはならない。そのためには研究室で機能試験を行なう必要がある。塩基配列のエラーがＸＩＡＰ遺伝子の機能を変化させて、結果的に細胞を正しく働かせていないことを具体的に示すのだ。正常なＸＩＡＰ遺伝子がどんな働きをするかはわかっているので、ニックの細胞を培養して観察し、その遺伝子が本来の仕事をしているかどうかを確認すればいい。

免疫学者のジェームズ・ヴァーブスキーはかつて、ＤＮＡ解析をしたところで厄介な迷路にはまりこむだけだと疑いの目を向けていた。気づいてみれば今や自分が、ＤＮＡ解析がうまくいったことを証明する試験を設計する立場にある。これまでに得られた証拠は十分に納得のいくものだ。一個の遺伝子に変異が発見され、しかもそれが自然界では未知の変異だと聞いて、ヴァーブスキーは今までにない興奮を覚えていた。自分たちは強力な医療ツールの誕生に立ちあっているのかもしれない。

ヴァーブスキーも同僚も、有力な容疑者と思われる単一の遺伝子の試験をそれまで何度も実施してきた。だが、一度の試験には二～三か月を要し、一回につき三〇〇〇ドルもの費用がかかる。しかも、結果的にその遺伝子が無関係とわかれば、そのたびに面倒な手順を一からやり直さなければならない。ニックの場合のように一度ですべての遺伝子の塩基配列が決定できれば、そうした過去の試験をまとめて同時に行なうようなものである。これをあらゆる医療機関に導入できたら、診断にかかる時間とコストの削減につながり、診断の的中率も高まるだろう。[7]

ニックの病気の原因がＸＩＡＰ遺伝子の変異であることを証明すべく、ヴァーブスキーは二種類の実験を計画する。どちらも、塩基配列の「誤植」によって体内のＸＩＡＰタンパク質の機能が損なわれていることを確認するものだ。正常なＸＩＡＰタンパク質はふたつの役割をもっているとみられる。細胞死のプロセスを阻害することと、食物が腸に入ったときに免疫系が腸を攻撃しないようにすることだ。後者の仕事は門番のようなものであり、良い細菌だけを通して悪い細菌を破壊する。

ヴァーブスキーはまずひとつ目の試験として、培養したニックの細胞の一部に細菌の生成物を加えて刺激した。細胞が適切に機能していれば、これに反応してＩＬ-６というタンパク質を放出するはずである。ＩＬ-６は炎症にかかわる重要な役割を果たしている。ヴァーブスキーはニックの細胞で三回、それ以外のヒト細胞で三回、実験を行なった。その都度、ニック以外の細胞ではそのタンパク質が分泌されるのに、ニックの細胞ではそれが起きない。

ふたつ目の試験は、ニックのＸＩＡＰタンパク質が細胞死のプロセスを抑制するかどうかを見るものだ。少年の細胞はまたもやほかのヒト細胞とは異なっていた。死滅しかけている細胞の数が、ニックのほうが多かったのである。ニックのＸＩＡＰタンパク質は、本来あるべきように細胞を救っていないのだ。

犯人がＸＩＡＰであることがこれで証明されたと、ヴァーブスキーは深くうなずいた。

20　確信と疑念――二〇一〇年一月

危機の連続、頭を抱える医師たち、静脈栄養のカテーテル。そんな日々を三年以上も送ってきて、ヴォルカー夫妻は疲れきっていた。ショーンはときおり自分の殻に閉じこもって物思いに沈み、口を利かずによそよそしい態度をとる。アミリンはその心に触れることができない。アミリンはアミリンで、あまりに長い時間を病院で過ごしているために、家庭とのつながりを失いつつあるのを感じている。家ではショーンが三人の娘の面倒をみていた。一家は小さなことに安らぎを見出す。ニックが集合教育を疑似体験できる病院内のプログラム。姉たちが見舞いに来て弟と遊ぶひととき。ニックの潰瘍が治って体重が増えてきたという知らせ。二〇一〇年が始まる頃には、静脈栄養に限定する作戦が功を奏して病気の進行は止まっていた。「神様はなんてすごいの!!!!」アミリンは日記に喜びをぶつける。「こんなありがたいことがほかのどこからくるっていうの？　天からしかない」

一月、アミリンは再びデヴィッド・ディモックに会いに行った。すでにシアトルにある連邦政府公認の研究所で検査を行ない、ニックの遺伝子に間違いなく変異があることが確かめられていた。ディモックはこの検査を通じて、自分たちのやってのけたことが既存の医療慣行からどれだけはみ出していたかをまざまざと思いしる。シアトルの研究所は、ウィスコンシンの病院が子供の全遺伝子を解析したと知って驚愕したのだ。標準的な手順とは正反対である。普通は、患者の病気はこれではないかと医師が当たりをつけ、鍵を握る遺伝子一個か二個を検査に出す。遺伝子を全部調べてから病気の正体を割りだすようなことはしない。医科大学以外の医師で、ニックのDNA解析のことを知る者はほとんどいなかった。いずれ世界中の遺伝学者がこのニュースを聞いたらどんなことになるかが、シアトルの反応から垣間見える気がした。

だがこの日、ディモックがアミリンに伝えるのはニックの遺伝子のことではない。アミリン自身の遺伝子の文字についてだ。アミリンのXIAP遺伝子と免疫系を検査した結果が出たのである。遺伝カウンセラーのリーガン・ヴィースとディモックは、どういうふうに話をするかを入念にリハーサルしていた。ディモックが結果について説明し、ヴィースがその意味を補う。ヴィースはこの仕事のために特別な訓練を受けている。ウィスコンシン大学マディソン校で遺伝医学の修士課程を取得する際、プロの俳優を相手に様々な筋書きを練習したのだ。それでも、二階の廊下を歩いて狭い検査室に入っていくあいだ、緊張と不安に襲われた。

遺伝子の欠陥について話をしても、どうしてもその人個人の欠陥であるかのように受けとめられがちなのをヴィースは知っている。遺伝カウンセラーとして大事なのは、アミリンの立場になって考えること。この母親の世界は、部屋に入ってくるときと、一時間後に話を聞きおえて部屋を出るときとでは、すっかり違っているだろう。

検査室は明るく、楽しい雰囲気が漂っている。壁に漫画のキャラクターが微笑み、大きな窓からは病院の敷地とドナルド・マクドナルド・ハウスが見える。アミリンが何か月も過ごしてきた場所だ。ディモック、ヴィース、アミリンの三人は、三角形をつくるように腰かける。互いに接近していて、膝が触れあいそうだ。ディモックが口を開き、前置きを話しはじめる。何週間か前に、アミリンのXIAP遺伝子を調べる同意を得たときと内容はほぼ同じだ。その言葉は、人類がゲノム医療の新時代に足を踏みいれたことを告げるものでもある。「私たちには、自分の子供にどんな遺伝子を渡すかを決めることはできません。DNAを読むことにはメリットもある半面、それが裏目に出るおそれもあります」

前置きの言葉は、この狭い検査室のはるか上空から世界全体を眺めているようなものである。だがディモックは話を現実にひき戻し、アミリンに焦点を当て、その遺伝子から何が見つかったかを告げた。

「変異をもっていたのはあなたでした」

アミリンは女性なので、X染色体が二本ある。内一本のXIAP遺伝子は正常で、もう一本に変異が見つかった。良いほうの遺伝子が、悪いほうの遺伝子の働きをうち消しているようである。だからアミリンは食事をしても炎症を起こさないし、息子を苦しめる腸の穴があくこともない。

ニックは男性なので、X染色体を一本しかもっていない。それは母親からもらった一本であり、そこに変異があった。ニックの場合は、働きを無効にしてくれる良い遺伝子がない。アミリンの目に涙が溢れる。自分自身は病気にかからずに、ただそれを息子に渡したのだ。DNAを選べないのはアミリンにもわかっている。でも、だからといって心が慰められるはずもない。罪悪感を覚えるいわれはないのだとしても、やはりその気持ちは本物だ。自分を「闘う母」とみてきたことがなんだったのかという思いにも駆られる。自分は、自分がニックに与えた病気を相手に奮闘してきたのだ。ヴィースがそっとティッシュの箱を差しだす。ディモックもヴィースも黙ったまま、アミリンがこの知らせを受けとめるのを待った。

ディモックは小児遺伝学者として、親に残酷なニュースを伝えなければならないことがよくある。週に三回か四回は、胸が張りさけるようなメッセージを届けている。それも仕事のうちであり、慎重に行なう必要があった。「これを正しくやるかどうかで、親と子がどう絆をつくって悲しみを乗りこえていけるかが大きく左右されるんです。そのことは研究によっても示されています」。のちにディモックはそう語っている。

ディモックはアミリンを抱きしめることこそしないものの、その声には励ますような温かい響きがあった。ディモックとヴィースは次のステップに向けて舵を切る。つまり、ニックに骨髄を移植するかどうかだ。これを決められるのは家族しかいない。

骨髄移植は母が祈ってきたこととはいえ、医師としてはけっして軽々しく勧められるものではない。リスクがあること、先行きが不確かであることを理解してもらわなくてはならない。あなたの息子さんの病気は、医学界がこれまで見たことのないものです。私たちが提案する治療法は、息子さんの命を奪うおそれがあります。

ニックの病気には正式な名前がなかったが、医師たちは「XIAP欠損症」と呼ぶようになっていた。ただ、ある意味ではもうひとつの病気、X連鎖リンパ増殖症候群（XLP）のほうが診断としては重要といえる。こちらについては、治療をすることに正当な理由が示せるからだ。

今なら骨髄移植には正式にゴーサインが出るだろうが、それでもディモックはある種のためらいを覚えていた。骨髄移植でXLPが治療できるのは間違いない。だが、もともとの病気には、つまり炎症と腸の穴にはどんな影響を及ぼすのか。ディモックにはよくわからない。ニックの炎症性腸疾患がこの遺伝子変異によるものだということについても、一〇〇パーセントの確信がもてなかった。ナチュラルキラー細胞の働きが弱いだけのせいかもしれないのだ。

ディモック、アラン・メイヤー、ジェームズ・ヴァーブスキーの三人は、移植医のデヴィッド・マーゴリスのもとを訪れた。三人は、DNA解析で明らかになった遺伝子変異と、もうひとつの病気について説明する。骨髄移植をするだけの正当な理由があると確信しているとも伝えた。論理には十分な説得力があるように思えたが、実際に移植を行なう前には診断が文字で記されている必要がある。マーゴリスは口を開いた。「XLPが確かであれば、それを書面にして記録に残してほしい」

　ディモックは、自分たちが後戻りのできない段階に差しかかったことを悟る。ＤＮＡ解析と分析を通して発見したことを、はっきり保証するよう求められているのだ。ディモックはとりあえず自分の疑念を脇に置く。そして、ニックは間違いなくＸＬＰと診断されるので骨髄移植を勧める、と書面にしたためた。そして自分の名前を記した。

　骨髄移植はほぼ日常的な医療行為だと思われているかもしれないが、アメリカ全体での実施件数は年間わずか一万八〇〇〇件ほどである。どんな病気を治療しようとしているかによって生存率は異なるものの、移植自体にリスクがあるのは否めない。骨髄細胞を注入して新しい免疫系をつくるには、まず古い免疫系を破壊する必要がある。その間、患者は感染症に対してまったく無防備な状態になるわけだ。それに、移植した細胞が適合せずに、体を攻撃するおそれもある。これは「移植片対宿主病」と呼ばれ、命にもかかわる状態だ。ニックの体力が落ちていることが、移植をなおさら危険なものにしている。[1]ディモックもほかの医師たちも、ニックを治そうとして逆に殺してしまう可能性が本当にあることを十分に認識していた。

　ヴォルカー夫妻のほうは、ニックの骨髄移植を急いではいない。医師たちからはセカンドオピニオンを勧められていた。ニックの病歴と、遺伝子について新たにわかった情報をもとに、別の医療機関で判断してもらうのである。アミリンはどこの病院がいいかを検討しはじめる。デューク大学医療センター（ノースカロライナ州）、シンシナティやミネソタ州ミネアポリスや、シアトルの病院。だが、州外に出ることには問題があった。ニックは医療保険の生涯補償額の上限をすでに使いきってしまったため、今はウィスコンシン州のメディケイドに入っていた。セカンドオピニオンのためにどの医療機関に行けるかは、メディケイドが決めることになる。

こうしたことを考えあわせると、骨髄移植は少し待ってからということになり、一家にとっては都合がよかった。セカンドオピニオンの場所を考えているあいだニックは順調に回復を続け、体重もようやく一七キロに届く。これでも同年齢のなかでは二〇パーセンタイル〔同じ年齢の子供一〇〇人を体重の低いほうから並べた場合、前から二〇番目にあたる体重〕にすぎないが、ニックにとっては大変な前進である。少年は病院が実施する幼児教育プログラムを楽しみ、父親や姉たちとの面会を心待ちにした。みんなが来るときは、モンスタートラックのおもちゃで遊んだり、ベッドの上で飛びはねたりできる。

骨髄移植を待つあいだには、医師たちとアミリンの意見が対立するときもあった。母は息子が移植で命を落とすかもしれないのを知っている。だから病院の外に遊びに行かせてやりたいと思い、それを「生活の質の高い日々(クオリティ・オブ・ライフ)」と呼んだ。だがメイヤーは、ニックを取りまく環境をできるだけコントロールして、移植の日まで少年を元気にしておきたいと考えている。メイク・ア・ウィッシュ財団〔重い病と闘う子供の夢を叶えることを目的としたボランティア団体〕がニックと家族に旅行をプレゼントしてくれることになったときには、アミリンと医師たちが一触即発の状態になった。

ニックの希望は、イルカと泳ぐこととディズニークルーズに行くこと。しかしメイヤーは、水に入るのは論外だと認めない。少年の体には、薬や輸液などを注入するための中心カテーテルが挿入されている。水中の細菌がカテーテルに侵入して病気をひき起こすかもしれないので、水泳を許可するわけにはいかない。メイヤーは頑として譲らず、別の願いを考えるように言い渡す。

ニックの望みを聞いてやってほしいとアミリンから詰められたとき、メイヤーはこう返した。もしかしてアミリンは、ニックにとって何が最善かより、自分自身のことを考えているのではないか。ニックに特別な時間を与えてやりたいと思うのは、内心ひそかにニックが助からないと諦めているからではないか。メイク・ア・ウィッシュ財団に願いを叶えてもらおうとすること自体がメイヤーには不快だった。この財団が手を差しのべるのは死にかけている子供である。メイヤーに負けを認めるつもりはない。

「私がニックの死に備えて、早まった準備をしているのではないかといわれた。だから『生活の質の高い日々』をニックにあげようとしているんじゃないか、って」アミリンは日記にそう綴っている。「はっきりいって、自分の子供の死に対して心の準備ができるような親がいる？　ううん、たぶんいない。ただ、慢性的に病気の子供がいると、このくらいでいい、ではなくもっと生きたい、細かいことを気にしたくないという心境になるのだと思う」

何度か話し合いを重ね、医師と母は妥協点を見出した。イルカと泳ぐのはなしだが、ラスベガスに行ってモンスタートラック・レースの決勝戦を観るのである。

今回のニックの入院期間が二か月を超えるにつれ、ヴォルカー家にとってこの旅行の意味はますます大きくなっていった。病気になってから三年半近くのあいだ、ニックはすでに六〇〇日あまりを病院で過ごしている。家にいる時間より長い。あまりに長く家を離れているために、アミリンは疲れきっていた。だが、退院はすんなりとは進まず、アミリンは苛立ちを募らせる。二月下旬になり、ニックの退院が近づいたかに思われた頃、何かの数値が悪いことをメイヤーが心配して肝臓の生検を命じる。腸の病気がぶり返したのではないかと恐れたが、生検の結果はなんの異常もなかった。すると今度は、人工肛門のために体の外に出している回腸の部分を調べたいとメイヤーがいいだす。アミリンは恐怖に囚われた。すべての臓器を一個一個検査して、終わったらまた一から始めるつもりではないか。メイヤーが際限のない心配の悪循環に陥っているせいで、ニックがここから出られなくなっているような気がした。一方のメイヤーにすれば、ニックを家に帰しても二〜三日でまた状態が悪くなるようでは意味がないと考えていた。そこでメイヤーはニックの小腸に内視鏡を入れることにする。医師は何も明言しなかったが、母はそこに無言の約束を感じとらずにいられなかった。これで何も見つからなければニックは大手を振って家に帰り、メイク・ア・ウィッシュ財団の旅行でラスベガスに行けるに違いない。

内視鏡検査の結果、小腸には潰瘍も穴もできていなかった。[2] それが、ヴォルカー夫妻が待ちわびてきたゴーサインとなる。

ニックは、病気からひと休みできるのが嬉しくてたまらない。二月末には、二か月以上に及んだ入院を終えてついに家に帰る。ニックにとって家は、走りまわって声をかぎりに「自由」を叫べる場所である。アミリンにとって家はプライバシーを感じられる場所であり、その久しぶりの感覚に戸惑いを覚えた。医師や看護師が勝手に入ってくることがない状態に、慣れていないのである。

三月下旬、ラスベガス行きに向けて一家が荷造りをしているとき、炎症を示すニックの数値が急上昇していることが検査で確認される。病気が回腸にも入りこんできたのかもしれない。一家にとってこの旅行がどれだけ大切か、メイヤーにはよくわかっている。その一方で、回腸まで病気になったらどれほど深刻なことになるかもちろん承知していた。回腸がだめになったら、ニックは大人になるまで生きられない。回腸の移植など存在しないのだ。

日曜日、アミリンが教会にいるときにメイヤーは電子メールを送り、ラスベガスの病院で検査を受けられるようメディケイドに事前承認を得てほしいと頼んだ。そうすれば、旅行中もニックの状態を把握できる。出発の日、ラスベガスに向かう飛行機の中でもアミリンの不安は消えず、ニックの体温を計った。微熱がある。でもここまできたら、明らかな緊急事態にでもならないかぎり旅行の中止はできない。

ラスベガスは期待を裏切らなかった。空には雲ひとつない。ニックは赤ちゃんライオンを抱っこし、ホテルの部屋ではバットマンの訪問を受ける。そして、病院を遠く離れ、マシンが唸りを上げる世界で、モンスタートラックの熱狂に何時間も体を浸した。ありがたいことに、病気がぶり返すことはなかった。

数日の休暇ののちに一家はウィスコンシンに戻り、骨髄移植に向けた最終準備を始める。ミネソタ大学からセカンドオピニオンの結果が得られ、やはりアミリンとショーンがすでに下した決断を支持していた。移植には恐怖もあったが、どうやらニックにはこれしかないらしい。医師たちのあいだには焦りが生まれていた。家族が移植を一日延ばせば、その一日のあいだにニックがEBウイルスにさらされるかもしれない。これは地球上で最もありふれたウイルスのひとつであり、感染したところでほとんどの人は風邪のような症状で済む。だがニックには命取りだ。

ニックの病気と向きあった三年半の月日を通して、アミリンの信仰心は高まった。その一方で、自ら「前兆や不思議」と呼ぶものに敏感になってもいた。日曜礼拝の説教の言葉や、無意識のなかを通りすぎる夢の内容、あるいはジョギング中に目にした動物や景色といったものにもアミリンは細かく注意を払った。ニックや骨髄移植にかかわる予兆と思われるものには、なんであれ過敏に反応してしまうのである。

六月、アミリンは移植の数日前に、口にするのも文字にするのも極力避けてきた「Dのつく言葉」の夢を見た。夢のなかで、ニックは地面に横たわっている。青い瞳は閉じられ、顔には穏やかな笑みが浮かんでいる。あたりは息苦しいほどに暑い。少年と少女がひとりずつニックのかたわらに立って、下を指差しながら鼻をつまんでいる。アミリンは息子のそばにかがみこみ、両肩をつかんで、泣きさけびながら息子の名前を何度も何度も呼ぶ。ニックはぴくりとも動かない。

「今でも自分の叫び声が聞こえる」とアミリンは日記に書いている。「私の心がまやかしを見せただけだと信じたいし、そう祈っている」

21　クリームドコーンの匂い——二〇一〇年六月

アミリンが悪夢を見た翌日は日曜日。父の日でもある。明日、ニックは手術の予定だ。医師たちの計画では、ニックの体に中心カテーテルを挿入して化学療法薬が全身に行きわたるようにし、古い免疫系を破壊して骨髄移植に備える。ヴォルカー夫妻はあと一日で、その厳しく危険な処置に向けて心の準備をしなければならない。

とはいえ、ニックが父の日に家族とともに家にいるのは四年ぶりのことだ。一家は車で、マディソンにある教会へ向かう。ショーンがニックを抱きかかえて中に入る。ニックはショーンの肩に頭を載せている。夫妻はその日をどうしても病院の外で過ごしたかった。だが、不穏な気配が漂っている。ニックはお気に入りのバットマンのマントを羽織っているものの、ずっと目を閉じている。顔色が悪く、体はぐったりしている。

友人たちが一家に挨拶をし、長いあいだ教会に来られなかったニックのことを尋ねる。礼拝が始まるとアミリンは立ちあがり、目を閉じて両腕を前に差しのべた。ニックは座ったままのショーンの胸に顔を埋めている。友人のひとりが、一家のために祈ろうと呼びかける。一家は前に出ていき、アミリンは息子がどれだけ大変な状況のなかで闘っているかを話す。「合併症が起きないように祈ってください」とアミリンは訴えた。ニックはショーンの肩に頭をもたせかけている。「新しい免疫系が根づくように祈ってください。でないとこの子は――」

アミリンは声を震わせ、最後まで続けることができない。教会のメンバーが前に押しよせ、一家をとり囲み、手をニックの頭に置いた。赤いスポットライトがニックを照らし、何本もの腕がこの子に向かって伸びている。

教会の共同設立者がこう祈った。「神よ、私たちはあなたの恩寵をいただいており、そのことを承知しています。ですが、私たちの暮らすこの世界は傷つき、混乱し、不健康です。……主イエスよ、どうかここに来て小さなニックに御手を置いてください。来るべき一週間、この子を導いてください」

祈りが終わり、ヴォルカー一家は教会をあとにする。その後一時間ほどで、ニックの熱は下がった。父の日を病院で過ごさずに済み、代わりにミニゴルフを楽しむこともできる。ところがその夜、ニックはなかなか眠ることができない。

「ママ、ぎゅっとして」

翌朝、アミリンは手術の待合室ではなく、まっすぐ緊急救命室にニックを担ぎこんだ。息子の顔には血の気がない。また熱が戻ってきたのだ。

「ママ、お水ちょうだい」。ニックは懇願する。「ちょっとだけ、ちょっとだけ」

だが飲ませるわけにはいかない。まだ予定どおり手術を行なう可能性も残っており、そうなれば事前に水を口にはできないのだ。

手術を決行するかどうかは、移植担当のデヴィッド・マーゴリスの判断に委ねられた。マーゴリスは、医療の根本原則を忠実に守るタイプである。つまり「害を与えてはならない」ということだ。また、弁護士だった父の教えから、杓子定規なまでに証拠を重んじる人間でもあった。思えば、ニックの骨髄移植を頑として承認しなかったのはこのマーゴリスである。ニックの病気の原因が見つかったことを納得のいくまで医師たちに証明させ、診断書に署名させてようやく首を縦に振ったくらいだ。

マーゴリスはニックを診察し、手術を延期する。ニックは敗血症を起こしていた。二〇〇七年に危うくニックの命を奪いかけた、あの免疫系の過剰反応である。日が暮れる頃にはニックはＩＣＵで安静にしていた。母はベッド脇から離れない。息子の容体がここまで悪くなったのは、あのとき以来である。

翌朝、ニックはベッドの上で起きあがり、母親にキスをした。

「ママ、ゆうべはやな夢を見たんだよ。怖いお化けがぼくを捕まえに部屋に入ってきたんだ」

夢のなかでは病室に若い男もひとりいて、君を守ると約束してくれたのだとニックは説明する。

信仰心の厚いアミリンは、その若い男性をイエスだと解釈する。イエスが現われたということは、ニックが無事に骨髄移植を切りぬけるというしるしだ。ほかの母親であれば、そんな頼りない夢には望みをかけられないと思うかもしれない。だがアミリンにはその程度ですらありがたく、気持ちが休まった。

数日のうちに敗血症は収まり、骨髄移植へのカウントダウンが再び始まる。移植は七月一四日と決まった。マーゴリスは骨髄細胞ではなく、臍帯血（さいたいけつ）を移植することにする。臍帯血は骨髄細胞に似ているが、移植片対宿主病を起こすリスクが低いことから、ニックにはこちらのほうがいいと判断した。とはいえ慎重なマーゴリスは、あくまでリスクを低減させるだけだとつけ加えるのを忘れない。何がどうおかしくなるかわからないのだ。

ヴォルカー夫妻は危険をくよくよ考えたりはしない。ニックと話をするときはとりわけそうだ。移植という発想を子供に説明するのは難しい。ただ、臍帯血や骨髄細胞の移植を受けた大人は、この出来事を「第二の誕生日」ととらえることが少なくない。自分の血液が生まれかわった日というわけである。アミリンもそういう考え方をニックに話して聞かせたが、結局はニック自身が自分なりの解釈を編みだすこととなった。

それまでニックはバットマンだった。バットマンのマントに身を包み、バットマンのマスクと手袋をつけて手術室に入る。医師や看護師に自分を「バットマン」と呼ぶようせがむこともあった。ところが少し前に病院から外出したとき、ニックは覆面試写会（スニーク・プレビュー）〔観客の反応を見るために題名を知らせずに行なう試写会〕で映画『エアベンダー』を観た。すると、主人公のアンという少年に心を奪われる。アンは坊主頭で、強大な力と戦わなくてはならない。ニックは母に、自分はバットマンとして移植を受けてアンになるのだ、と説明した。

その変身のプロセスはすでに始まっている。一週間にわたって化学療法薬を大量に投与したせいで、ニックの頭もアンのように毛がなくなった。薬のせいで嘔吐もしたが、ニックは驚くほどタフだとわかる。「ママ、さっき気持ちが悪くなったから、自分でちゃんとしたよ」。ある日、アミリンが病室に戻ってくるとニックがそう告げた。「自分でバケツを取ってきたんだ」

七月一四日、移植の日の午後はさんざんな始まり方をした。看護師のひとりがニックのために特別なバットマンのポスターをつくっておいたのだが、ニックはそんな小手先の細工では落ちついてくれない。

「あっちへ行け！　そのバットマンのマーク、嫌いだ。破いて！」

アミリンは優しく、「あなたはバットマンからアンに変身するんでしょう？」とニックを諭す。だがニックはわめき、どうしても機嫌をなおしてくれない。

午後二時一七分、窓の外に嵐の気配が漂うなか、移植が始まる。ニックの命が助かるかどうかがかかっているというのに、プロセス自体は呆れるほど平凡である。ニックが何度も経験した傷口をきれいにする処置は、一度につき約二時間を要したものだ。臍帯血移植はその半分足らずで終わる。麻酔もなければ、入念な準備もいらない。見知らぬドナーからの臍帯血を入れた小さな袋があるだけだ。看護師が臍帯血を流しはじめる。五〇ミリリットルのシリンジ

〔注射器の筒〕から薔薇色の液体が徐々に滲みだし、透明な静脈カテーテルを通ってニックの胸の静脈へと入っていった。

「始まったわよ」。アミリンが声をかける。

ショーンは仕事の都合で来られなかったものの、姉たちのうちふたりは病室にいた。アミリンはニックのベッドに入り、興奮している息子の隣に添い寝する。ここ数年のあいだに何度そうしたことか。ニックを抱きしめていると、臍帯血の匂いがした。不思議なことに、それはクリームドコーン〔コーンをホワイトソースで和えた料理〕を思わせた。

ニックは少しずつ落ちついて、わめき声は泣きべそへと変わる。それから手を伸ばし、母の片腕をつかんで自分の胸に載せた。もう表情は穏やかだ。呼吸がゆっくり、規則的になる。アミリンはこの日に向けて準備をしてきた。BGMまで考えて家からもってきている。まずはヴィヴァルディの『四季』から「春」をかける。バイオリンの音が病室を満たした。母は添い寝したまま、五歳の息子がまどろみはじめたのを見つめている。

移植開始から二八分、アミリンの目から涙が溢れた。祈りの言葉が口をつく。「どうかこの子の人生に、病や弱さのつけ入ることがありませんように」。それから旧約聖書の「詩編」一〇七章を二〇節から唱えはじめる。「主は御言葉を遣わして彼らを癒し……」〔新共同訳〕開始から三五分、ヴィヴァルディが『エアベンダー』の「アンのテーマ」に変わった。四八分、臍帯血の最後の一滴がニックの体に消えていく。まだ午後三時を少し回ったところだ。数分後、ニックは起きあがる。

「どんな気分？」母は尋ねる。「前と違う？」

「ちっとも」。ニックは答えた。[1]

臍帯血移植は始まりにすぎない。これから不安と緊張を孕（はら）んだ日々が続く。ニックの体が新しい免疫系をうまく使いこなせるかどうか、医師たちは見守るしかない。移植後の経過には不確定要素が多すぎるため、どれだけの日数が経過すれば移植が成功したとみて家に帰せるのか、医師たちのあいだでも意見が分かれた。何日とするのが適当なのか、長い議論がなされる。五〇日？　一〇〇日？　いやもっと？

結局はとりあえず一〇〇日に落ちついたと、のちにデヴィッド・ディモックはふり返っている。じつをいえば、一〇〇日に科学的な根拠があるわけではない。移植に伴う合併症は、事前に投与する大量の化学療法薬に起因することが多く、その影響のなかでも最悪のものは往々にして一〇〇日以内に現われる。その経験則を踏まえてのことだ。[2]

移植を終えたニックは元気がありあまり、気分の浮き沈みが大きかった。自分がどれだけ外敵に弱い状態にあるかがわからず、とにかく遊びたがる。移植の八日後、ニックの白血球数がゼロになる。白血球は、外部からの病原体や異物に対して体を守る役割を果たすものだ。移植した新しい細胞はまだ骨髄の中に入りつつある段階で、そこに根づけば白血球や赤血球、そして血小板を新たにつくってくれる。つまり、今のところニックの体にはまともに働く免疫系がなく、無防備も同然だ。口、のど、舌、消化管に、痛みを伴う腫れができる。これは粘膜炎のせいで、化学療法の副作用としてよくあるものだ。[3] ニックは癇癪（かんしゃく）を爆発させる。

「うるさい！」母を怒鳴りつける。「もうあれこれ訊くな！」

その日の夜、土砂降りの雨が叩きつけるなか、ニックが熱を出した。心拍数と血圧も上昇する。

「あの子の体のなかで何かが起こりはじめている」。アミリンは日記にそう綴った。

今度の敵はなんなのか、医師たちには見当がつかない。また敗血症を発症したのかもしれない。いや、真菌感染症か。一週間近くかかって、ようやく新しい敵の正体がつかめる。アデノウイルスだ。

アデノウイルスがニックの気道〔肺につながる空気の通路〕を攻撃している。健康体であれば、症状はごく普通の風邪に似たようなものだ。しかし、免疫系の弱っている患者の場合は、このウイルスのせいで命を落としてもおかしくない。容体は悪化の一途をたどるが、ニックは闘志をみなぎらせている。酸素飽和度が低下したので看護スタッフが酸素マスクをつけようとすると、ニックは金切り声を上げて平気だと抵抗し、装置につながったコードを引きぬいた。

その五日後、考えられる合併症の候補は増えていた。敗血症、真菌感染症、移植片対宿主病、生着症候群、ヒトヘルペスウイルス6（HHV-6）。反撃するために、様々な種類の強力な抗生物質を投与し、大量のステロイド剤を静脈注射する。また、毎日のように血液と血小板の輸血を行なう。ニックは気分の変動がさらに激しくなり、それをアミリンは「ロイドレイジ〔本来は筋肉増強剤（アナボリックステロイド）使用の副作用で怒りっぽくなること〕」と呼んだ。相変わらずニックは自分が病気ではないといい張り、おもちゃを要求する。母はとうてい逆らう気になれない。

アミリンは日記にこう記している。

病院で六〇〇日以上も暮らし、生まれてこのかた普通の食べ物を口にできた日のほうが少なく、手術室に一五〇回以上も行き、そのうえ移植を終えたばかりで病室から出ることもできない。今は、夜にみんなが眠っているときにマスクをつけて抜けだすことすらできないのだ。そんな子供に、なんていえばいい？

医師が新しい合併症の名を挙げるたび、アミリンはインターネットで情報を探すことに没頭する。ニックについて初耳のことを聞かされるのを嫌うだけでなく、自分の知らない病状について医師が話をするのも我慢できなかった。

ヴォルカー夫妻とニックの医療チームは、移植からの日数を数えていく。二〇日目、アデノウイルスが体内で広がりつつある。だがいい知らせもあった。ニックの白血球数が上昇したのである。ドナーの細胞が、新しい免疫系が、生着し（根づき）はじめたしるしだ。

二四日目。アデノウイルスが退却を始めた。白血球数は上昇を続けている。ニックは大きな笑みを浮かべる。

二九日目。アミリンはオンライン日記に駆けこみ、至急祈ってほしいと訴える。ニックが熱を出した。物事がなかなか思いだせなくもなり、母の名前すら出てこない。HHV-6の検査結果は陽性。このウイルスに感染すると新たに様々な脅威にさらされるが、そのひとつが脳炎だ。脳が炎症を起こしてしまうのである。脳という言葉を聞いて、アミリンは震えあがる。命が助かっても脳に深刻な後遺症が出るような、そんなニックの姿を思いうかべた。記憶力の衰えが何よりの証拠である。ニックは病室の電話を切るやいなや、どの姉と話していたのかを忘れてしまうのだ。

三一日目。検査の結果、脳炎が確認される。ニックはうつろな表情でベッドに横たわっている。こんなはずではなかった。HHV-6にしろ、脳炎にしろ、物忘れにせよ、臍帯血移植の通常の合併症にはないものだ。

「もう、ニックの看護に手こずることがなくなってしまった」。アミリンはそう綴っている。看護というのは、採血やバイタルサイン〔生体が生きていることを示す徴候のこと。脈拍・呼吸・体温・血圧など〕のチェックなど、看護師が日常的に行なう作業のことだ。「あの子はただ寝ているだけ。すっかり大人しい、いい子。そんなの絶対に我慢できない。見ていると胸が張りさけそうになる」

医師や看護師に嫌なことをされたとき、唸り声を上げた息子が懐かしい。アミリンは眠れなくなる。脳に何が起きているかは知らないが、このままいったらニックの個性が失われてしまう気がして恐ろしかった。こう漏らしたこともある。「こんなことになるんなら、［移植なんて］するんじゃなかった。今日はそんな気持ち」

だが、医師たちにはニックの脳に集中している余裕がない。次から次へと合併症が襲ってくるからである。発疹ができた。移植片対宿主病を発症した。ブドウ球菌にも感染した。

医療チームは新たな合併症が起きるたびに迅速に手を打っていく。アデノウイルスとＨＨＶ－6、そして脳炎には抗ウイルス剤を投与する。ブドウ球菌感染症の治療には抗生物質を処方する。移植片対宿主病と闘うために免疫抑制剤を用いる。[4]

脳炎になってから不安な二週間が過ぎた頃、アミリンは明るい兆しを目にする。ニックが麻酔医を怒鳴りつけたのだ。大事な（雄牛の）ぬいぐるみに厚かましくも触れたからである。

移植から四七日目の八月三〇日、ニックの記憶力が改善してきた。体調もよく、何か月ぶりかで本物の食べ物を口にすることができる。チキンヌードル・スープだ。ボウル一杯のスープを味わうという、それだけのことがあまりに嬉しくて、ニックは人生で一番幸せな日だと宣言した。その二週間後には、さらに素晴らしい瞬間がやって来る。何より食べたいと医師や看護師に話していたものを頬張ったのだ。ステーキである。

母は長いあいだ感じたことのない幸福感に包まれる。フェイスブックに綴られたアミリンの言葉は喜びに舞いおどっていた。「天の扉が開いて天使が歌っている。全能の神がA1ソースを与えてくださる」

九月に入ってからは、静脈カテーテルからの感染症や偏頭痛などに苦しむ日があったものの、ニックは着実に快方に向かっていった。検査をしても、もうアデノウイルスやHHV-6は影も形もない。白血球数も上昇し、九月の半ばには正常値をわずかに下回るだけになる。新しい免疫系がしっかりと根を下ろしたのだ。ヴォルカー夫妻はニックの退院準備を始められるようになる。

「ようやく退院できることになったんです」。のちにアミリンは当時をふり返り、声を詰まらせた。

九九日目の一〇月二一日、ついに素晴らしい日がやって来た。やることはいくらでもある。荷造り。退院に向けた説明。別れの挨拶。最後に入院したときから約一二〇日が過ぎていた。ニックはその年の半分以上をウィスコンシン小児病院で過ごしていたが、一〇月二六日の六歳の誕生日に間に合うように家に帰ることができる。ニックの病室は、ごく普通の男の子の寝室と変わらない。モンスタートラックのおもちゃ、服、ゲーム、それからバットマンの衣装が溢れかえっている。それをアミリンは大きなプラスチックの容器に入れ、引きずっていって一家のミニバンに乗せた。

移植医のマーゴリスが病室に入ってきて、ニックに退院の最終許可を与える。それからふたりはハイタッチをした。

マーゴリスは微笑む。「ニック、来てくれてありがとう。帰ってくれてありがとう」

まだ感染症にかかるおそれがあるのでニックはマスクをして廊下を歩き、出口へと向かう。忘れかけている家庭生活へと母子が戻ろうとしたちょうどそのとき、マーゴリスが病院から走りでてきた。シャツにネクタイ姿の、見たことのない男が一緒である。アラン・メイヤーが電子メールでニックのDNA解析を提案してから一年四か月。その間、重大な決断を下して画期的な一歩へのゴーサインを出した男は、一度も少年に会ったことがなかった。

ハワード・ジェイコブは幾晩も少年のことを考え、そのために祈った。科学者同士で夕食のテーブルを囲むことがあれば、決まってニックの話をした。この子の細胞にしまわれた遺伝子の暗号については細かいところまで知るようになっていたのに、それでもジェイコブとニックは見知らぬ他人のまま。この科学者が自分の患者と直接会うのはこれが初めてである。

ジェイコブは子供のほうに腰をかがめる。「元気?」

ニックは『エアベンダー』のプラスチック製の杖を手に、いつもの甲高い声でこう尋ねた。「おじさん、強い?」

科学者は予想外の問いに面食らいながらも返事をする。「そうだな、強いとはいえないね、あんまりね」

ニックは答えなど聞いていない。何か月も病院に閉じこめられ、くる日もくる日も医師や看護師の好きなように針を刺され、血を採られ、つつきまわされてきた。そして今、ようやく自由になった。その体には少年らしいエネルギーがみなぎり、解きはなたれるのを待っている。

ニックは『エアベンダー』の杖を握りしめると、世界的に有名な遺伝学者の腹を思いきり突いた。[5]

22　遺伝子に刻まれていたもの――二〇一〇〜一四年

ニックはすぐさま子供らしく暮らすことに没頭していった。まるで、病院で失われた時間をすべて取りもどそうとするかのようである。大声で叫びながらモノナの自宅を駆けまわり、マクドナルドのハッピーセットを楽しむ。病室に手配されてきたのとは違う、本物の遊び相手もいる。二〇一一年の冬はウィスコンシン州にたくさん雪が降り、ニックは窓から眺める以上のことができるのが嬉しくてたまらない。

退院に先立って医師たちのあいだでは長々と議論がなされ、どれだけの時間がたったらニックの謎の腸疾患が完治したとみなせるかが検討されていた。確信はもてないながらも「一〇〇日前後」で意見はほぼ一致したが、一部の医師、なかでもアラン・メイヤーは、医師として「警報解除」を発令することにためらいを覚えていた。ニックの病気には、これまでいいように手玉にとられてきた。油断しているときに不意をつかれるのはごめんである。

メイヤー自身はもっと大事をとって、長めの猶予を置いたほうがいいと考えていた。病気がニックを襲ったのは二歳のときである。臍帯血移植で生まれかわったと解釈するなら、あと二年は待つべきではないか。そうすれば、病気が眠っているだけではないと確信することができる。これは、ほかの医師たちが同意した期間の六倍以上だ。

ところが、少年はあらゆるチェックポイントを楽々と駆けぬけた。二〇〇日に達し、一年を超え、メイヤーが引いた二年のラインもクリアする。しかも、当初の腸疾患がぶり返す徴候はいっさい現われない。ニックの胃腸になんの問題もないことをメイヤーも確認する。腸に穴があいて痛むこともうない。なんでも好きなものを食べることができる。

二〇一五年七月には移植から丸五年が経過した。病気は再発していない。

＊

この五年のあいだには様々な進展があった。二〇一一年四月、移植から九か月後、ニックは幼稚園に戻る。ちゃんとした集合教育を受けるのはこれが初めてといっていい。まだ病気の初期段階にあった三歳の頃には幼児教育プログラムに登録していたものの、体調が悪くてほとんど出席できなかった。四歳になっても同じで、幼稚園には数えるほどしか通っていない。たまに登園するときには、静脈カテーテルから液体栄養剤を入れるための特殊なバックパックを背負っていた。ほかの子供たちと知りあう機会もない。その間、ニックが籍を置いていたのはほぼ病院だけだったわけである。

それがこうして集合教育を再開できた。ほかの子供の誕生日パーティーにも生まれて初めて招かれる。自分自身の誕生日パーティーですら、もう何年も満足にできていなかった。狭い病院に限られていたニックの人生は、子供らしい暮らしと呼べるものへとようやく広がりはじめていた。春と夏にはティーボール〔ティーに載せたボールを打つところから始まる、野球やソフトボールに似たスポーツ〕をし、テニスや水泳や、スケートボードにも挑戦する。その姿を見て、アミリンとショーンは涙にむせんだ。それまでは、食料品店に買い物に行くだけでも危険と背中合わせだった。買い物にはたいてい夜遅くなってから、人が少ない時間を見計らって出かけたものである。ニックの免疫系を脅かすウイルスに極力さらされないようにするためだ。今ではショッピングをするのも、教会に通うのも、授業を受けるのも、日常的な出来事である。ようやく当たり前に戻れたのだ。

とはいえ、ひたすら順調に進んできたわけではなく、移植後も健康への不安がつきまとった。三度目の敗血症を発症して、ほぼ一か月の入院を強いられたこともあったし、もっと短期間の入院も我慢しなくてはならなかった。それに、移植の合併症以外にも、長期闘病の影響が今後も残ると医師たちは踏んでいた。病気の内容にかかわらず、長期入院すること自体によってどうしても悪影響が及ぶケースが多いのだ。ニックはほかのクラスメートに比べて小柄で、発育も遅い。これは、長いあいだ静脈栄養だけに頼っていたためである。集合教育を受けられない日々が多かったせいで、学業や行動面でも同級生におくれをとっている。親しい友だちもほとんどいない。

「幼い子供になる機会をもらえなかったからだ」とアミリンは表現する。

また、結腸を切除しているので、この先もずっと排泄物を溜める袋が必要になる。袋の扱いに慣れたとはいえ、ニックはやはりそれが気に入らなかった。クラスの誰もそんなものをつけていない。袋が消えて、人工肛門の穴も閉じて、病気前のようなすべすべしたおなかにならないかと願うこともある。

ニックとクラスメートとでは、もっと目立たない部分でも違いがあった。移植をしたために、ニックの体内にはふたり分のＤＮＡが存在するのである。もしニックが犯罪を犯したら、ふた組のＤＮＡを現場に残すことになるわけだ。髪の毛にはニック本来のＤＮＡ、そして血液中にはドナーのＤＮＡである。

移植の最も恐ろしい後遺症が現われたのは、退院後一年あまりが過ぎた頃である。ニックがてんかんを起こすようになったのだ。発作が日に数度に及ぶことも多く、ドゥーズ症候群と診断される。これは幼い子供に多いてんかん疾患で、臍帯血移植の副作用として生じるのはめずらしい。あれだけの闘病をしたあとでさらなる病気に耐えねばならないのは、ニックにとってもアミリンにとっても非常につらいことである。ニックはフェルバメートという抗てんかん薬を飲むようになり、それで症状が多少は改善した[1]。

もっといい方法がないかと探すうち、アミリンはカンナビジオール（ＣＢＤオイルとも）という成分が効きそうだと目をつける。医療大麻の一種だ。アミリンはてんかんの子をもつ母親たちと手を携えて、ウィスコンシン州でカンナビジオールが使用できるようにする法律の制定に向けて活動している。この成分は、患者に麻薬特有の高揚感を与えることなく、てんかん発作を減らす効果があると考えられている。

いずれニックがてんかんを起こさなくなるのか、それとも大人になっても発作とともに生きなくてはならないのかは、今も不透明なままである。

ニックの人生はこれからも様々な面で四年間の闘病の影響を受けつづけると、アミリンは考えている。二〇一四年秋、ニックは心的外傷後ストレス障害（ＰＴＳＤ）と診断された。これを「一歩後退」とみる向きもあるかもしれない。だがアミリンは診断を聞いて安堵した。問題がはっきりすれば、治る道が開けるからである。

ニックが八週間にわたる対話療法を終えたあとは、アミリンにとって嬉しい「初めて」がいくつも待っていた。小学三年生になったニックは移植後初めて、大人しく席についたまま一本の映画を観通すことができた。学校の課題を最後まで仕上げ、素晴らしい理解力と評価されもした。放課後のデイケアで「一番の敵」とみなしていた子供とも仲直りする。数か月後には、ウィスコンシン小児病院の外科外来を担当セラピストと一緒に歩いても、癇癪やてんかん発作を起こすことがなかった。

ニックは改善を続けた。以前より授業を楽しめるようになり、ほかの子供とキックベースボールをするのが大好きにもなる。「一日一日、あらゆる瞬間が私たちにとっては贈り物なんです」。アミリンはそう語る。ニックは食欲が増し、食べるものの種類も増えていった。好物はつねに変化する。ポテトチップの時期があったかと思えば、ビーフジャーキーの時期がやって来る。ワカモレ〔つぶしたアボカドにトマト・タマネギ・薬味を加えたメキシコ風ディップ〕という食べ物があるのも知り、「チップにつけるあの緑のやつ」といって喜んだ。

少年は週末のために生きている。長さ四メートルほどの一家のジェットボートに乗れるからだ。ニックはモノナ湖を飛ぶように進みながら満面の笑みを浮かべ、スピードのスリルに顔を輝かせる。

*

先の見えない苦しい旅に四年間さまよったあと、ニックだけでなく家族もまたそれぞれの傷を癒していった。金銭的な負担に加え、何年ものあいだ別々に暮らすことを強いられたことで、一家は崩壊寸前のところまでいっていた。長引く病気と向きあった家族にはよくあることである。二〇一三年の時点でニックの医療費は六〇〇万ドルに達し、それ以後アミリンは数えるのをやめた。アミリンもショーンも、古い請求書の支払いをひたすら続けている。

ニックが病気のあいだに、夫婦の心は離れていった。アミリンはほぼ病院で暮らし、ショーンは自宅にいたのだ。「一年間はショーンなしに生きていたも同然で、それは向こうも同じです」とアミリンは話す。「家に戻ったとき、私は離婚するつもりでした。どちらも離婚を考えていたと思います。そうしたらショーンが解雇されてしまって。一緒にいないわけにはいかなくなったんです」

ふたりは手を携えて、離れていた心に橋を架ける努力をしていった。ひとつ屋根の下に住み、ニックを学校に送り、食料品を買いだしにいき、料理や掃除をする。そういうことをどうやってこなしていたのか、ふたりとも学びなおさねばならなかった。

「そう、私たちは互いを本当に好きだということを改めて知ったんです」

アミリンがショーンと離れていた時期は、娘たちから遠ざかっていた時期でもあった。少女たちにとっては、思春期という大事なときに母親が行方不明になっていたようなものである。

弟の生死が危うくなっていたとき、アミリンは姉たちにそれを見せないようにしていた。その理由をこう説明している。「きょうだいを失うきょうだいになってほしくなかったんです。娘たちにはその痛みを味わわせたくないというのが私の考えでした」。だが、その気遣いは「たぶん逆効果だった」とアミリンはふり返る。少女たちは守られていると感じる代わりに、無視されていると思った。娘たちにすれば、母が家にいない理由よりも、いないということ自体が大きな問題だったのである。

ニックが危機を脱してからの数年間、娘たちは三人とも学業でも対人関係でもうまくいかずに苦しんだ。レイラニはチアリーダーのチームをやめた。高校二年生のときには一四キロ近く太り、いじめにも悩んだ。酒を飲みはじめ、家に寄りつかずに浮かれ騒ぐようにもなる。二〇一一年に長女のマライアが家を出る。その一年後にはレイラニとクリステンも続いた。レイラニはのちにこう語っている。「家族にどれだけの負担がかかっていたかに気づいたときには、もう何をするにも手遅れだったんです」

それでも家族は全員で、なんとかその痛みを和らげようと努めた。レイラニの誕生日には、アミリンが学校に二ダースの薔薇を送って娘を喜ばせた。二〇一四年には、一家揃ってレイラニの高校卒業を祝った。一八歳になったレイラニは、小児外科医になりたいと夢を語るようになる。弟が病気になったときに思いうかんだことだ。

アミリンはフェイスブックを頻繁に更新しており、以前は病院での写真を投稿していた。そしてこのときには、卒業式の写真を載せている。レイラニが卒業できるかどうかはぎりぎりまでわからなかった。しかし娘は卒業に向けて必死に頑張り、母も懸命にサポートした。アミリンのその姿は、かつてニックの闘病中もずっと失わなかった強い意志を思いおこさせた。

*

ヴォルカー夫妻は臨床解析の先駆者という役割を受けいれただけでなく、それを進んで擁護してもいる。アミリンもショーンも、自分の全遺伝子を解析してもらった。ニックの病気や、それがどこからきたかについて、医師たちの理解を助けるのが主な目的である。だがふたり以外、家族の誰も解析を行なっていない。自分の遺伝子に何が書かれているかを知りたいとは思っていないのである。夫妻は今もなお、ニックのDNA解析が正しいことだったと信じている。ニックは死にかけていて、病気の謎を解かないかぎり医師たちには打つ手がなかった。ふたりにとっては、ニックの遺伝子のなかに答えが隠れているかもしれないという望みに賭けただけである。

しかし、遺伝子の文字を覗きみることは、夫妻にとっては相当につらい経験となった。すでにアミリンは自分が親から受けついだものについて、知りたいと願った以上のことを知っている。ニックを苦しめた遺伝子変異をもっているだけでなく、ほかの病気に関してもいくつかリスク因子が見つかっていた。

ショーンは自分の遺伝子に警告が記されているのを承知しているが、具体的なことは知らないし、知ろうとも思っていない。解析の結果が出たとき、ショーンはアミリンにそれを確認してきてくれるよう頼んだ。医師から聞いた内容をアミリンが説明したのはその一か月以上あとであり、そのときでさえ大まかな話しかしなかった。細かいことを教えないでほしいというのがショーンの希望であり、アミリンはそれを尊重して誰にも詳細を明かしていない。

「私にとっては苦しいことです。本当は家族みんなが知っておくべき内容なので。でも、ショーンに約束しましたから」

アミリンは言葉を濁してはっきりとは語らないものの、ふたりの遺伝子からわかったのは、子供をつくるべきではなかったということである。アミリンはすでにこの結論をショーンに伝えてあるが、夫婦のあいだで話題にすることはほとんどない。自分たちのゲノムに厄介な面が隠れていたのを口にすることがあるとすれば、冗談めかした軽い口調で触れるだけである。ふたりは当面、この話題に立ちいらないと決めている。

「もう一度やり直せるのなら、自分の遺伝情報をもらったりはしません。心が乱れるだけです」

レイラニも同じ考えだ。自分はゲノムの中身など知りたくないと、すでに母親に伝えている。レイラニはある男性と真剣に交際を始めたとき、いつか子供ができて男の子だったらどうしようと、怖くてたまらなくなった。母がニックに渡した遺伝子を、レイラニももっている確率は五〇パーセントである。[2]

「私たちと同じような思いを、自分の未来の家族にさせたくはありません」。レイラニはそういい切る。

ニックはといえば、自分のDNAについてはっきりした考えをもつようになるのは何年も先かもしれない。そのブラックボックスをあけたとき、ニックに選択の余地はなかった。親が幼い子供に遺伝子の中身を教えるべきなのかどうか、医学界ではいまだ結論が出ていない。子供の命を救う選択をするために、親が知るべきものであるのは確かだ。だが、その子が中年になるまでに不治の病にかかることが遺伝子に記されていたとしたらどうだろうか。その影に怯えながら生きるか否かは、子供が決めることなのだろうか。それとも、自身の子供をつくるような時期になってから告げてやるべきなのか。遺伝子の文字は今なお次々と難問を突きつけ、それに答えるのは容易ではない。

自分の治療が医学界に大きな議論をまき起こしていることをニックは知らない。ただ、病院で起きたことのせいで自分が有名になり、ほかの子供とは違う存在になっているのは自覚している。「ぼくは今じゃ有名人なんだよ。みんなぼくを知ってるんだ」とニックはいう。それは事実を述べた言葉でもあり、理由を不思議に思う気持ちの表われでもある。

「まあね」。アミリンは答える。「医学の世界ではね」

ニックは病院での出来事を驚くほどよく覚えている。敗血症で死にかけたこと、皆がおもちゃをくれたこと。見舞いに来た友だちの名前や、治療にあたった医者の名前も。ニックは日本原産の狆(ちん)という種類の犬を飼っていて、ハワードと名づけている。ときどきフルネームで呼ぶこともある。ハワード・ジェイコブと。

遺伝子の文字から学べることには限界がある。それに、ニックについては何年もたたないと答えの出ない疑問もある。骨髄移植や臍帯血移植を受け、それに付随して化学療法薬を大量に投与された子供は、ホルモンや生殖機能に支障をきたしやすい。また、もっと成長してからがんになるリスクも普通より大きい。ニックにはそのどれが訪れてもおかしくはないのだ。

もっと成長してから。

ニックが敗血症で死の淵をさまよった病院での恐ろしい夜を、アミリンは今でも思いだす。あの頃は、「もっと成長する」日を見たいというのが母の切なる願いだった。自分の子供が大きく育っていくという、普通の親なら当たり前に経験できることを、アミリンはようやく今になって当然と思えるようになったのである。

二〇一四年一〇月二六日、ニックは一〇歳になった。その短い人生で初めて、両親は誕生日パーティーを企画して友人を招くことにする。それまでの誕生日はたいてい、病院で過ごすか、具合が悪いか、弱った免疫系を守るためにほかの子供を避けるかしていた。普通の家庭なら年に一度の恒例行事にすぎない。だがニックにとっては一大事で、何週間も前から落ちつかなかった。「待ちきれないよ。待てないったら待てない」

パーティーは、アミリンの通うスポーツクラブで開かれた。ニックと九人の友人はキックベースボールやドッジボールを楽しんだ。ホイップクリームを載せたマーブルケーキを食べ、プールにも入った。病気のあいだは泳げなかったが、今はもう大丈夫である。何人かの子供はパーティーのあとも帰らず、一緒に家に来てニックと遊んだ。ヴォルカー夫妻にとって、これ以上はないという一日になった。

「最高でした」とアミリンはふり返る。「涙が出ました」

＊

最近のニックは歌を歌うのが大好きだ。お気に入りのひとつは、映画『アナと雪の女王』の主題歌「レット・イット・ゴー」である。もうひとつ、二〜三年前から愛してやまないのが、ザック・ブラウン・バンドというカントリーバンドの「トウズ〔「爪先」の意〕」。ニックは家の中を歩きながら嬉しそうにこの曲を口ずさみ、不適切な表現の歌詞に差しかかると、わかっているさといいたげににやりと笑う。

オレは爪先を水に　ケツを砂に入れ
この世に憂いひとつなく　手には冷えたビール

アミリンにも笑みがこぼれる。このあとの歌詞を歌う息子の声を聞くのが、母の楽しみだ。

「今日、人生は素晴らしい」

ヴォルカー一家はばらばらになる寸前までいったが、今は絆を取りもどしつつある。レイラニは家に帰ってきた。ほかのふたりの娘とも連絡を取りあっている。感謝祭の夕食では、皆が席につくときにレイラニが弟をビデオで撮る。家族で祝い事があれば、かならずシャンパンを一本あける。栓を抜くのはニックの仕事だ。

アミリンはこう語る。「これはニックの物語です。でも本当は私たち家族の物語なんです」

23　さあ、ついてこい――二〇一〇～一五年

ハワード・ジェイコブが考えていたとおり、ニック・ヴォルカーのＤＮＡ解析は新時代の扉を開くものとなった。なんといっても、遺伝子を読む技術を医療に応用することで、ほかのやり方では歯が立たなかった病気の謎を解いたのである。二〇一〇年一〇月にニックが退院してから数か月後、ジェイコブはアメリカ初の本格的な解析計画を始動させた。ウィスコンシン小児病院はこの計画のもと、診断のつかない不可解な病気に苦しむ患者のゲノムを次々に解析していった。

これには多額の費用がかかるため、ジェイコブとそのチームは解析の対象とすべき症例にいくつかの基準を設けた。また、詳細な手順を定め、そこには合計数時間にわたる遺伝カウンセリングも盛りこんだ。さらには保険会社に掛けあって、解析の費用を負担させることにもした。ＤＮＡ解析が未知の疾患の標準治療として認められるためには、このステップを欠くことはできない。救急ヘリの着陸が見えるオフィスの白板に、ジェイコブはチームの指針となるひとつの言葉を書いていた。「あと何人ニックがいる？」

ゲノム医療の可能性は長年構想の域を出なかった。こうしてついに仮説は現実のものとなったのである。

ジェイコブの友人であるワシントン大学のメアリー＝クレア・キングは、たったひとつの成果がみるみる大きなうねりとなったことに目を見張った。キングは先駆的な遺伝学者で、BRCA1という遺伝子が乳がんの原因になることや、ヒトとチンパンジーの遺伝子が九九パーセント一致することを示した業績（一九七三年）で知られる。つまり、遺伝子の文字を人間の健康に役立てるうえで大きな役割を果たすとともに、動物としてのヒトの位置づけに新たな見方をもたらしてきたわけだ。そのキングはニックの件を知り、これがひとつのターニングポイントになると確信した。さらには、診断へと至るまでの手際の鮮やかさにも舌を巻いた。これは並みの研究プロジェクトではない。家系に伝わるめずらしい遺伝病を研究するのとはわけが違う。

「まるで、AIDSの初めての症例を聞かされ、同時にその治療法を教わったようなものです」。キングはのちにそう語っている。

キングは、二〇一〇年の終わりに世界がこのニュースに触れる少し前、首都ワシントンでの遺伝学に関する学会に出席し、そこでウィスコンシンの話を知った。その半年後に参加したヨーロッパの学会では、ゲノム解析とエクソーム解析が最注目の話題へと踊りでているのを目の当たりにした。もはや単発の物語にとどまらない。「いくつもの事例が次から次へと発表されたのです」

その会議場をあとにしたとき、キングは心のなかでこうつぶやいた。「世界が変わった」

ジェイコブの研究室が先陣を切るとは、ほとんどの人間が想像だにしていなかっただろう。ヒトゲノムの概要が初めて明らかにされた二〇〇一年の画期的な論文に、ジェイコブは名を連ねていない。ニックのエクソンを抽出したチップをトマス・アルバートが開発したときにも、この男は関与していなかった。454ライフサイエンシズ社を創業したジョナサン・ロスバーグが、半導体シークエンサー〔専用の半導体チップの上で塩基配列を読みとるもの〕という当時としては斬新なアイデアを考案したときも、その場にいたわけではない。キング自身、ジェイコブが偉業を成しとげたと聞いたとき、率直にいって意外に思ったとあとで打ちあけている。長年親交があったとはいえ、ジェイコブに対しては「ラットゲノムの世界的権威」という印象しか抱いていなかったのだ。ついこう考えたほどである。「ハ、ハ、ハワード、ラ、ラ、ラット、は、ど、どうしちゃ、っ、た、の?」

それが今や新しい医療の流れを牽引している。未知の疾患の謎を解くうえでDNA解析が大きな力をもつことを、いち早く実証してみせたのである。

確かに、ラットの研究を通じてジェイコブには十分な専門知識があった。だがそれだけではない。先駆けとなれたのは、稀有な性質をもっていたからである。

「ヒトゲノム計画に参加していた研究者なら、子供ひとりのDNA配列くらい、もっと短時間で突きとめられたでしょう」。そう語るのはリチャード・ローマン。ジェイコブのかつての同僚で、今はミシシッピ大学医療センターで薬学・毒物学部長を務めている。「でも、リスクをおかしてまでそこに実際に資源をつぎこむ人間がはたしていたでしょうか。それがハワードという人間なんです。あの男は首を縦に振ったのです」

人類の歴史に金字塔を打ちたてた偉業（一マイル〔一六〇九メートル〕走で四分の壁を破る、エベレスト登頂に成功する、DNAの構造を発見する、など）をふり返ると、複数のグループが同じ目標を視野にしのぎを削っていたケースが多い。今回についても、診断のためにエクソーム解析をしたこと自体はニックの事例が初めてではなかった。ただ、その結果が発表されたのは、ウィスコンシンの科学者たちがニックの遺伝子の分析を始めたあとだった。

それはあるトルコ人の乳児に関する症例で、詳細をまとめた論文が二〇〇九年一一月に『米国科学アカデミー紀要』に掲載されている。[1] ちょうどジェイコブのチームが、ニックの病気の原因となった遺伝子の一文字のエラーを見つけた頃だ。このトルコの赤ん坊はバーター症候群が疑われていた。バーター症候群はめずらしい病気で、腎臓の機能不全をひき起こす。トルコの医師は、当時イェール大学の遺伝学部長だったリチャード・リフトンに連絡をとった。この人物が腎臓の遺伝子疾患の専門家だったからである。リフトンはエクソーム解析技術の開発にも深くかかわっていたため、これを新手法を用いる絶好の機会ととらえた。

「開発した技術を試すチャンスを探していたのです」とリフトンはふり返っている。

リフトンの研究室で解析と分析を行なった結果、トルコの医師の見立てが間違っていたことが明らかになる。乳児の本当の病名は先天性クロール下痢症だった。これは治療可能ではあるが深刻な病気で、下手をすれば命にもかかわりかねない。このめずらしい病気をもつ乳児のほとんどは、適切な治療を受けられないと生後数か月で死亡する。幸いにもトルコのケースでは、医師たちの見逃していた病気が解析のおかげで発見された。リフトンによれば、乳児は一命を取りとめたという。リフトンはこう語る。「あのとき確信しましたね。この解析技術を発見ツールとして使わない手はないと」

このようにリフトンの先例があったにもかかわらず、後々医学界の金字塔と呼ばれるのはトルコの赤ん坊ではなくニック・ヴォルカーだった。そこにはいくつもの理由がある。そのひとつは、一見些細だが見逃せない違いが両者のあいだに存在したことである。何かというと、イェール大学のチームはこのケースを「研究」として扱い、したがって大学の治験審査委員会の承認を得る必要があった。つまりエクソーム解析はあくまでも実験であり、リフトンがいうように「技術を試すチャンス」だったわけである。一方、ニックの場合はそうではない。確かにジェイコブは慎重に事を進める必要から、ニックへの処置を研究でもあり医療でもあるものとして提示した。しかし、主眼はつねにニックの命を救うことにあった。

治療にDNA解析技術を使いたいと考える病院や研究機関はほかにもあった。しかし、命にかかわるこれほどの緊急時に、その手段に目を向けたところはひとつもない。ニックの治療のことが知れわたるにつれ、この少年を「新しい医学の顔」とする見方が固まっていった。

ゲノム医療を推進するスクリプス・トランスレーショナル・サイエンス研究所所長のエリック・トポルは、「ニック・ヴォルカーの叫び声が世界中に轟いたのだ」と語っている。これほど的を射た表現があるだろうか。

ジェイコブのチームでデータ解析を担当したエリザベス・ワージーが、筆頭著者となってこのプロジェクトに関する論文作成を進めた。医療や科学における前進を承認してもらうためには、このステップを欠くことができない。論文は『ジェネティクス・イン・メディスン』誌に受けつけられ、ニックが退院した二か月後の二〇一〇年一二月にオンライン版に掲載された[2]。ニックのニュースはまず科学誌で発表されたあと、『ミルウォーキー・ジャーナル・センティネル』紙に三日連続の特集記事が組まれた。こうして一般に広く知られたことが、パーソナルゲノム医療にとって重大な分岐点となった。

ものの数週間で、ニックの物語はあらゆるところで報じられるまでになる。

一二月の終わり、ニックと両親は全国ネットワークの朝のテレビ情報番組『トゥデイ』に出演した。ニックは終始体をもじもじさせ、ショーンはアミリンに受け答えをすべてまかせた。ジェイコブの研究室やウィスコンシン小児病院の医師たちのもとには、切羽詰まった親からの電話がかかってくるようになる。自分の子供にもエクソーム解析をしてくれないかというのだ。

翌年の二月、フランシス・コリンズが『サイエンス』誌に「ゲノムの顔」と題したエッセイを寄稿し、ニックのＤＮＡ解析を称賛している。コリンズは国立衛生研究所（ＮＩＨ）の所長であり、ヒトゲノム計画を牽引したひとりだ。エッセイのなかでコリンズは、ゲノムの情報に価値があることを、ニックは血肉の通った人間として証明してくれたと記している。そして最後をこう締めくくった。「最初のヒトゲノム完成版発表から二〇周年を迎える頃には、ゲノム解析によって健康になった人々の顔が世界中に溢れている――それが私の願いだ」[3]

その数か月後、予算を審議する上院小委員会でコリンズは証言台に立ち、ニックの成功例を強調した。その後、ＮＩＨは四億一六〇〇万ドルの予算を計上して、ゲノム解析を標準治療に組みこむことを目指すと発表する。ほかの研究機関も独自の計画をスタートさせていった。

マイケル・チャネンがフロリダ州での学会に出席したときにはホテルで同室の男が、チャネンがウィスコンシン医科大学から来たことを知って、ニックのケースに絡んでいたのかと尋ねてきた。その男はマサチューセッツ州のブロード研究所で働いているとわかる。ブロード研究所はハーバード大学とＭＩＴが共同設立したもので、全米トップクラスのバイオメディカルおよびゲノム科学研究で知られていた。その男の説明によれば、ブロードの研究者たちはウィスコンシン医科大学の論文を見ると、すぐに大きな会議を招集して、同様の解析を臨床の場にもちこむことについて議論したのだという。

アメリカ北東部で最大規模の病院チェーンであるパートナーズ・ヘルスケア社は、まず試験的に何人かの患者についてＤＮＡ解析を実施する計画を立ちあげ、二〇一二年前半にはチェーン全体で解析を正式に導入した。同社で個別化医療センターの副所長を務めるロバート・グリーンはこう述べている。「ミルウォーキーでの素晴らしい事例に触発されて、今や全米でDNA解析が真価を認められようとしています」

デューク大学医療センターも新しい計画を始動させ、器質的な欠陥をもつ重病の乳児と、生命の危険のある胎児については、DNA解析を用いて診断することになった。解析の候補とするかどうかは妊娠二〇週目の超音波画像または出生時に判断し、親は赤ん坊の解析をするかどうかを選ぶことができる。同計画の責任者であるニコラス・カツァニスは、二〇一一年の初めに次のように語っている。「今後二～三年のあいだに、この種の作業が全国の病院や医科大学で標準的な手順になると思います」

DNA解析に救われた患者の物語が次々に報じられるにつれ、この新しい技術に対する市民の関心が高まった。なかでも大きな注目を集めたのが、カリフォルニア州のビーリー家である。一家の双子のきょうだいアレクシスとノアは、幼くして脳性麻痺という診断を受けたものの、それでは説明のつかない症状に何年も悩まされていた。ニックのエクソーム解析から一年あまりたった二〇一〇年の秋、ふたりのDNA解析が実施されることになる（発表されたのは二〇一一年六月）。ベイラー医科大学は未知の遺伝子変異を発見し、新たな薬物治療を追加することで双子の状態を改善させた。とくにアレクシスはひどい呼吸困難に苦しんでいたのが、普通に息ができるようになった。

「解析がなければ、アレクシスは本当に死んでいたと思います」と、母親のレッタ・ビーリーは当時をふり返っている。[4]

ジェイコブのみならずワージーやデヴィッド・ディモックも、色々な研究機関に招かれて講演やセミナーを行なった。そして、ニックの事例や、ゲノム医療を実践する場合の院内システムについて説明した。

ニックのケースを通して数々の問題が浮きぼりになったが、なかでもとりわけ扱いの難しいのが「副次的な発見を家族に教えるべきか否か」だ。つまり、患者にとっては重要であっても、解析の目的となったそもそもの症状とは無関係な遺伝子変異が見つかった場合、どうすればいいかということである。たとえきっかけはひとつの病気だとしても、患者の全遺伝子を解析するという広範なアプローチを進めるうちに、まだ表面化していない別の変異が発見される可能性がある。医師は得られたすべての情報を患者に伝えるべきなのか？　その変異によって起きる病気が治療不能なものだとしても？　これは単に患者本人が知りたいかどうかの問題にとどまらない。場合によっては患者の血縁者にも影響が及ぶ。

ジェイコブのチームは、家族が望む情報はすべて提供すべきだと強く訴えている。解析に先立つカウンセリングの場で、「手の施しようがある」疾患（乳がんや高コレステロール血症など）が見つかったら知りたいかどうか、また、もっと悲惨な治療困難とされる疾患（パーキンソン病やハンチントン病など）の場合はどうかを確認しておくのである。[5]

ウィスコンシン小児病院で遺伝カウンセラーを務めるリーガン・ヴィースは、この問題を次のように表現している。「解析がうまくいけば、第二、第三のニックが誕生します。でも、まったく何も見つからないかもしれないし、知らなければよかったと思うようなものがごまんと出てくるかもしれないんです」

ヴィースも同僚もこれに対するスタンスは明確だ。それを決めるのは医師ではなく患者だということである。二〇一〇年の秋に開催されたNIHの委員会では、ディモックも次のように述べている。「患者が求めるなら、私たちはその情報を渡します」

『ネイチャー・ジェネティクス』誌の創刊編集長で遺伝学者のケヴィン・デイヴィーズは、家族にどの程度まで明かすかはこの先もずっと議論されていくだろうと指摘する。ただ、デイヴィーズ自身はジェイコブのチームの方針に賛成だ。ゲノム以上に個人的な情報はない。それに対する権利が患者本人より自分にあると考える医師がいるなら、「大間違い」だとデイヴィーズはいい切る。

「この点に関してもハワードは素晴らしいですね。この分野が進むべき正しい方向を指差して、『さあ、ついてこいよ』といっているんです」。ジェイコブの研究室が優れた先例をつくったわけである。

ウィスコンシンのジェイコブのチームから、NIHの「未診断疾患プログラム」に至るまで、様々な研究者がゲノムやエクソームの解析を以前より頻繁に行なうようになると、ニックのような事例がけっして普通ではないことが明らかになっていった。もちろん、解析が希少疾患の謎を解く強力なツールであることに間違いはない。しかし、その強みと限界はようやく見えはじめてきたばかりだ。DNAを解析したからといって、かならず答えが出るとは限らないのである。

たとえば二〇一三年にベイラー医科大学が、大規模な臨床解析を実施するプロジェクトをスタートした。一年後の報告によれば、解析を行なった約一七〇〇人の希少疾患患者のうち、遺伝子変異が見つかったのはその二五パーセント程度だった。[6]

二〇一四年の時点では北米で同様のプログラムがおよそ二〇件実施されていたが、やはり似たような結果が得られている。ニックの遺伝子を調べてから五年後、NIHの未診断疾患プログラムでは約四〇〇人の希少疾患患者のDNA解析を終え、そのうち診断を下せたのは七〇人ほど。診断につながりそうな疑わしい遺伝子が見つかったのは、およそ六〇人だった。

さらに注意すべきは、病気の原因が突きとめられたからといって治療できるとは限らない点である。むしろ問題がはっきりしたことで、医師が敗北を認めざるを得なくなる場合が少なくない。DNA解析が診断につながった事例をみても、患者のケアを変えるまでに至ったのは全体のわずか三〇パーセントほど。しかも、仮に治療法を変更できても症状を改善するのがせいぜいで、治癒まではいかない可能性もある。[7] それでも、遺伝子に関する理解がこの先さらに進み、遺伝子による有害な作用を修正したり回避したりする方策が編みだされれば、今は「失敗」でも形勢を逆転できるケースがあるかもしれない。

二〇一四年春の時点で、ウィスコンシン医科大学と小児病院では四三六人の遺伝子を解読していた。ほとんどはニックと同じようにエクソーム解析である。ほかの研究機関と同様、ここでもやはり対象患者の四分の一程度しか診断につながっていなかった。ところが、敗北が一時的にすぎないケースも存在することがしだいに明らかになっていく。臨床と研究の双方でゲノムの知識が増えるにつれて、診断率が大幅に向上していったのだ。日を追うごとに新たな論文が登場し、色々な疾患について新しい遺伝子や新しい変異の関与が指摘されていく。そうするうちに、不可解だった遺伝子の文字の意味がにわかに腑に落ちることがある。その結果、解析プログラムの開始当初は二五パーセントだった診断率が、一年半後の節目では四〇パーセント近くにまで上昇していることがわかった。

そのうえ、診断がついたケースではそれが覆ることがない。「面白い変異を見つけた、なんていうレベルの話じゃありません。いわばダンクシュートです。それが最終的な答えなんです」。小児病院の医長で医科大学の教授でもあるデヴィッド・ビックはそう表現する。[8]

ゲノム解析は「驚くようなスピード」で臨床の現場に入っていった。『ニューイングランド・ジャーナル・オブ・メディスン』誌の副編集長エリザベス・フィミスターは、人間の疾患というジグソーパズルのピースをつなげていくような感覚が、当時の科学者たちのあいだにあったと指摘している。

ＮＩＨ傘下の国立ヒトゲノム研究所では、二〇一五年の終わりに全国の専門家に対してアンケートを実施した。その回答から推定するに、過去一年間にエクソーム解析を行なった患者と血縁者は一万〜二万人にのぼると見られた。カリフォルニア州サンディエゴのレディ小児ゲノム科学・システム医学研究所は、ＩＣＵにいる乳児のＤＮＡをわずか二六時間で解析した。その六年前のニックのケースでは、三か月近くもかかったものである。新しい技術も開発されていて、時間が今後さらに短縮される期待を抱かせる。たとえばイギリスのオックスフォード・ナノポア・テクノロジーズ社は、コンピュータに挿入するだけで使用できるＵＳＢスティックタイプの解析装置の販売を始めた。この装置ではまだゲノム全体の解析はできない。だが、いつの日か血液のサンプルさえあれば、ウイルス性疾患やライム病のような病気なら数時間で判明するようになるかもしれない。そんな未来は少しも想像に難くないと、遺伝学者のケヴィン・デイヴィーズは語る。

ニック・ヴォルカーやビーリー家の双子ほどの成功事例は依然として少なかったが、彼らの存在は科学者を刺激し、一般大衆の関心をかきたてる役割を果たした。

ラットの遺伝子編集技術でジェイコブと組んだサンガモ・バイオサイエンシズ社のフョードル・ウルノフは、ゲノム医療をペニシリンの登場になぞらえている。ペニシリン発見の論文は一〇年近くも棚で眠っていたが、オーストラリアの薬学者で病理学者のハワード・フローリーらが一九四一年に初の臨床試験を成功させ、第二次世界大戦中には多くの命を感染症から救って「奇跡の薬」と称賛された。「ニックはこの新しい分野を象徴する『顔』なんです。生体臨床医学(バイオメディスン)の発達の歴史をふり返れば、こうした『顔』の存在が非常に重要であることがわかります。それによって、研究者のあいだに『そうだ、自分たちにはできる』という心理が生まれるからです」

ジェイコブがニックのDNA解析に踏みきったことは、医学界の慣例に一石を投じるものだった。それまでは、遺伝子検査会社が利用されてきた。たとえばミリアド・ジェネティクス社などは、乳がんの原因になるBRCA1遺伝子とBRCA2遺伝子の特許を長年にわたって保持している。こうした会社は単一遺伝子検査でかなりの利益を得ていた。

「医師にしてみれば、個別の検査をやらせて請求書を送るほうが楽ですし、個別の検査結果を分析するほうが簡単ですからね」とデイヴィーズは指摘する。ところが、単一の遺伝子をいくつも検査するより、ひとりの人間の全遺伝子を体系的に調べるほうが、費用対効果が高い可能性があることをウィスコンシンのチームは示した。そもそも、単一遺伝子検査を山ほど実施したところで、当て推量に毛の生えた程度のものにしかならないとデイヴィーズは指摘する。こうしてジェイコブたちは、新しい技術を研究室の外に出して世界中の病院に広めようという機運をつくりだした。

その一方で、画期的な業績の例に漏れず、非難や中傷にもさらされることとなった。

二〇一一年七月、ロードアイランド州の学会でワージーがプレゼンテーションを行なったとき、新技術の準備ができていないうちに臨床に応用したのは「無謀で無責任」だと批判の声が上がった。さらには彼らの解析を「売名行為」呼ばわりする者もいた。

ワージーやジェイコブやほかのメンバーにとって、この「売名行為」という非難はとりわけ心外で腹立たしいものだった。結果的にマスメディアの注目を浴びたとはいえ、けっして自分たちから売りこんだわけではなかったからである。実際は、二〇一〇年の初めに『ミルウォーキー・ジャーナル・センティネル』の記者から取材を受けて、初めて詳細を明かしたのだ。

マスメディアで大きく取りあげられる一方で、科学誌のほうでは大変な苦戦を強いられた。ワージーらがニックの件について論文を書きあげたのが二〇一〇年三月。実際に掲載されたのはその九か月後である。

「五誌に投稿しましたが、掲載してもらうには一年近くかかりました」とワージーはふり返る。査読者のなかには「新奇性に乏しい」と評する者もいて、ワージーは頭を抱えた。

医学や科学の学術誌には厳然たる階層構造があり、『ネイチャー』『サイエンス』『セル』『ニューイングランド・ジャーナル・オブ・メディスン』といった一握りの雑誌がピラミッドの頂点に君臨する。その下には、科学者がひそかに「二流」「三流」と呼ぶ雑誌が続く。ワージーたちは論文がなかなか受けつけてもらえなかったため、当初の期待より低いランクの雑誌で手を打たざるを得なかった。

これほど難航したのにはいくつか理由が考えられる。ひとつは、臨床解析への突破口を開いたのはイェール大学の研究のほうだと、いくつかの一流誌が判断した可能性があることだ。もうひとつは、ワージーらの論文をどういうジャンルに分類すればいいかがわかりにくかったことである。科学研究論文とみなされるためには、たったひとつではなく複数の症例を記述したものでなければならない。しかし、この病気の診断を受けたのは世界でニックが初めてなので、ほかの人と比較することができなかった。「ほかの人」などいなかったのである。

医学誌にはもうひとつ「症例報告」というジャンルがある。これは、現場の医師がめずらしい病気を治療した個別の事例を報告するものだ。ウィスコンシン医科大学の論文は、本来ならこの「症例報告」とするにふさわしい。にもかかわらず、論文はその範疇を超えて、エクソーム解析やゲノム解析が標準治療になりうると提言した（結果的にはそれが正しかったわけだが）。つまり、ほかに例のないめずらしい症例研究でありながら、より大きな流れの最先端をゆくものでもあったわけである。

ジェイコブたちが生みだしたゲノム医療への流れは、現在ではすっかり軌道に乗っている。そんな今だからこそ過去を正しく把握するために、ニックのＤＮＡ解析に批判的だった言い分に理があったのかどうかをふり返ってみてもいいだろう。当時、ときに私信を通じて、ときに公然と浴びせられた非難の矛先は、ふたつの点に向けられていた。

ひとつは、エクソーム解析をしなくても骨髄移植に進むことはできたというものである。だがアラン・メイヤーは、ニックの病気がいかに理解を超えたものだったかを知っている。移植医のデヴィッド・マーゴリスが、頑なに診断を求めたこともはっきりと覚えている。何が問題かもわからずに移植を強行するのはあまりにも無謀だ。ニックのエクソームから情報を得られなければ、移植など行なわれなかった可能性もある。

もうひとつは、見つかった変異が病気の原因だとはっきりとは証明されていない点だ。ニックのXIAP遺伝子の機能試験を実施した免疫学者のジェームズ・ヴァーブスキーは、そうした批判があることを認識していた。それでも、変異のせいでXIAP遺伝子が本来の重要な仕事をすることができず、結果的に少年の免疫系が健康な組織に総攻撃を仕掛けていたことが、自分のふたつの実験によって示せたと確信していた。それに、臍帯血移植を受けて以来、ニックの腸には今に至るまで瘻孔がひとつもできていない。

二〇一四年を迎える頃にはこうした批判も消え、ジェイコブはゲノム科学における重要人物として扱われるようになっていた。この年の一月にシリコンバレーで「個別化医療世界会議」が開かれた際には、同僚の多くが公開討論会への出席を求められたのに対し、ジェイコブには一五分間の単独講演の場が与えられた。この研究者への評価がいかに高まっていたかがうかがえる。ジェイコブはこの機会を利用して、自らが「次なる火急の問題」と位置づけるものについて話をした。

何かというと、まだエクソーム解析に主眼を置く研究者が少なくないものの、一足飛びに全ゲノムを解析するほうが患者のためになる、ということである。エクソーム解析の場合、ワージーのカルペ・ノヴァ・ソフトウェアでしぼりこむと、病気の原因として知られている遺伝子変異を平均二〇〇あまり見逃してしまうことにチームは気づいた。全ゲノム解析の場合にはそれが一個だったと、ジェイコブは会議の聴衆に説明している。

ウィスコンシン医科大学の生理学部長で、自らのキャリアを賭してジェイコブを引きぬいたアレン・カウリーは、自分の愛弟子が素晴らしい実績を積みあげていくのを複雑な思いで見守っていた。もちろん、自分がこの偉業にかかわれたことが誇らしかったし、それを楽しんでもいた。しかし手放しでは喜べずにいた。もしかしたら市民は、複雑な疾患についてもパーソナルゲノム医療がすぐに定着すると期待しているのではないか。そう危惧していたからである。「いずれはそこまでたどり着くでしょう。でも明日というわけにはいきません」

高血圧症や糖尿病といったありふれた疾患や複雑ながんなどは、複数の遺伝子が変異することで起きる。しかも、その遺伝子や変異がどう相互作用するかによっても影響を受ける。おまけに、食事、ストレス、汚染といった様々な環境要因も一役買っているのだ。

大多数の人にとっての関心事は、そうしたごく一般的な病気である。だがそれをDNA解析で狙いどおりに、しかも手頃な価格で予測・治療できるようになるには、まだ何十年もかかるかもしれないとカウリーは考えている。それでも、二〇〇三年にヒトゲノムが解読されて以来、コンピュータの処理速度は飛躍的に向上し、エクソームチップも誕生した。おかげでゲノム医療の分野が予想以上の進展を遂げていることには、カウリーも素直に驚くしかない。

急速な進歩に目を見張っているのはカウリーだけではない。ジェームズ・ワトソンもそうだ。ヒトゲノム計画が始まったのも、ジェイコブが画期的な成果を収めたのも、すべてはこの男が仲間と半世紀以上前に行なった発見がもとになっている。ジェイコブが新時代の挑戦に敢然と立ちむかったのを見て、ワトソンは自らが若い頃に下した決断を思いだしていた。

「私はシカゴ南部の出身です。ご存知のとおり、あまり裕福な地域ではありません。だから、下馬評の低い人がときに勝つというのが好きなんです。これまでずっとそうでした。成功できるかどうかを決めるのは、とにかく一歩踏みだしてやってみる決断ができるかどうか。たいていはそれに尽きるんじゃないでしょうか。新たな道を開くのは、何かを試すことを厭わない人間です。考えようによっては、今回のようなDNA解析はほかのどこがやってもおかしくはなかった。でもそうはならなかったわけです」

ワトソンはさらに言葉を継ぐ。「一九五一年、私はイタリアのナポリでシンポジウムに参加していて、DNAのX線回折写真を初めて見ました。あのとき、DNAの構造の謎を解いてやろうと心に決めたんです」

メイヤーがジェイコブにメールを書き、ニックが切迫した状況にあることを訴えたときも、それと同じ精神につき動かされていた。さらにはその同じ思いに駆りたてられて、ジェイコブはニックのDNA解析に踏みきったのである。

二〇一五年の初め、ジェイコブは新たな挑戦に向かうことを決めた。アラバマ州のハドソンアルファ・バイオテクノロジー研究所に移ることである。この研究所は、創業者が当時の自分の会社をインヴィトロジェン・リサーチ・ジェネティィクス社に売却し、その利益を元手に設立したものだ。このインヴィトロジェン社こそ、二〇年近く前にジェイコブがオファーを蹴った企業にほかならない。現在、ジェイコブはハドソンアルファの最高ゲノム医療責任者として、今まで以上に大きな目標を追いかけている。それは、DNA解析を国内すべての病院に導入させることだ〔ジェイコブは二〇一八年一月にシカゴのバイオ医薬品企業アッヴィ社に移籍している〕。

DNA解析がニックの命を救ったとき、ジェイコブの長い旅が始まった。アラバマ行きはその旅の次なる一歩である。あのとき尋ねた「あと何人ニックがいる?」という問いは、新時代の到来を告げる言葉だった。

ジェイコブは語る。「ゲノム科学には医療を変える力があると、いつも信じてきました。今ならはっきりといえます。それが真実だと」

謝辞

本書のタイトルを考えたのは、『ミルウォーキー・ジャーナル・センティネル』紙の前主筆マーティー・カイザーである。「一〇億分の一」という表現は、ニック・ヴォルカーの物語にいかにもふさわしいとすぐに納得できた。ニックに関する報道と本書の執筆において、私たちがいかに幸運に恵まれていたかもこの言葉が端的にいい表わしているように思う。

ヴォルカー家の人々、すなわちアミリンとショーン、娘のマライア、クリステン、レイラニ、そしてとりわけニックに対しては、この先もずっと感謝を忘れることはないだろう。誰も歩いたことのない道を行ったこの一家は、五年にわたって私たちを受けいれ、果てしなく続く質問にも辛抱強く答えてくれた。とくにアミリンは惜しみなく時間を割いてくれただけでなく、ケアリング・ブリッジ〔患者・家族・友人がコミュニケーションを図れるウェブサイト〕のオンライン日記へのアクセスも許してくれた。おかげで、ニックの闘病の様子を母の生の言葉を通して余すところなく把握することができた。ヴォルカー家の助力がなければ、この本は誕生しなかっただろう。

ニックのケアにあたった医師や看護師、またニックのDNA解析を行なった科学者たちにも大変お世話になった。ウィスコンシン小児病院とウィスコンシン医科大学は私たちの報道に全面協力し、まだ誰も結末を知らないうちからニックの物語の進展を見守ることを許可してくれた。アレン・カウリーは、ゲノム科学をすぐにでも導入できる環境をいかにして築きあげたかを語ってくれた。ハワード・ジェイコブは臨床ゲノム科学に対する理想像と、ニックのDNAを解析するという重大な決断について聞かせてくれた。アラン・メイヤーは、ニックの治療と、ジェイコブにアプローチするまでの経緯を話してくれた。デヴィッド・ディモック、エリザベス・ワージー、マイケル・チャネンは、彼らが実施した解析について詳しく説明してくれた。ジェームズ・ヴァーブスキーは、解析に対する当初の疑念を天晴れなまでの率直さで明かし、解析の効果を検証するための機能試験についても教えてくれた。デヴィッド・マーゴリスは、臍帯血移植に踏みきるに至った背景と、処置の内容を詳細に物語ってくれた。以上の人々には、本書のもとになった記事の該当箇所を読んでもらった。ほかにも小児病院と医科大学の様々なスタッフが色々なかたちで力を貸してくれた。とりわけ、広報担当のエリン・ハーレング、モーリーン・マック、トランジ・マーフェティア、ゲリー・スティールに感謝する。

また、何人もの科学者たちが専門知識を分けあたえてくれた。以下に名前を記して謝意を表したい。ジョージ・チャーチ、フランシス・コリンズ、リチャード・ギブズ、エリック・グリーン、メアリー゠クレア・キング、エリック・ランダー、ピーター・トネラート、エリック・

トポル、そしてノーベル賞受賞者のジェームズ・ワトソンとウォルター・ギルバート。トマス・アルバートは、様々な技術的描写について貴重な助言をくれた。ケヴィン・デイヴィーズは、正確を期するために親切にも私たちの原稿に目を通し、数々の賢明な提案をしてくれた。

ほかの新聞社であれば、ニック・ヴォルカーの記事は一日か二日で一面から消えていただろう。だが、『ミルウォーキー・ジャーナル・センティネル』紙の前主筆マーティー・カイザーと現主筆のジョージ・スタンリー、ならびに副編集局長のトマス・ケッティング、ベッキー・ラング、チャック・メルヴィンほかは、さらなる高みを目指すようスタッフを鼓舞した。彼らはニックに関する報道に時間を与えてくれ、優れた記事を執筆できるよう私たちを駆りたてた。また、同紙の大勢の記者が記事の草稿を読み、アイデアや励ましをくれた。なかでも、私たちとともに二〇一一年のピューリッツァー賞を受賞した才能ある同僚たち、写真家のゲイリー・ポーター、グラフィックスエディターのルー・サルディヴァー、およびビデオ撮影のアリソン・シャーウッドにお礼をいいたい。

同紙の連載記事を一冊の本として書店に並べることができたのは、フリップ・ブロフィーという粘り強いエージェントにマイク・ルビーが紹介してくれたおかげである。ブロフィーはこの本の価値を信じ、適任の編集者の手に渡るよう奮闘してくれた。その編集者ジョナサン・コックスは、忍耐強く、才気があり、要求が多く、疲れを知らない人物で、本書のために全身全霊を傾けてくれた。この恩を忘れることはけっしてないだろう。

最後になるが、家族には言葉に尽くせないほど感謝している。その愛と犠牲があったからこそ、私たちは進みつづけることができた。マークの妻メアリー＝リズは初期の草稿を読み、様々な問題点を指摘してくれた。息子のエヴァンは音楽を作曲・演奏してくれ、それが励みとなってマークは幾日もの執筆作業を乗りきることができた。

キャスリーンの夫ボブと、ふたりの子供アンドリューとエミリーは、妻や母が本書のために長いあいだ二階の書斎にこもっているときも、変わることなく愛情を傾け、支えてくれた。

解説

二〇一二年六月、米国で行われたゲノム医療の研究集会で我々は未来をみた。ハワード・ジェイコブ教授とエリザベス・ワージー博士からニック・ヴォルカー君のゲノム解析についての講演を聞いたのだ。

ヒトの細胞には、父親母親それぞれから受け継いだ一番から二二番の常染色体と性別に関わるXやY染色体が格納されている。これらは、合計約六〇億個の塩基（A〔アデニン〕、G〔グアニン〕、C〔シトシン〕、T〔チミン〕）が連なった遺伝情報であり、ヒトゲノムと呼ばれる。ヒトゲノムには、約二万一〇〇〇の遺伝子と呼ばれる領域が点在し、遺伝子領域の塩基の並びに従ってさまざまなタンパク質が合成され、我々の生命を維持している。これが、ゲノムは生命の設計図といわれる由縁である。ヒトゲノムがどのような塩基の並びになっているのかを明らかにしたのが、二〇〇〇年六月に当時のビル・クリントン米国大統領がひとまず終了宣言を行ったヒトゲノム計画である。

約一三年を要したヒトゲノム計画は、関係者の努力により完遂された人類の偉業のひとつといえよう。しかしながら、ヒトひとり分のDNA配列の並びを決定するためには、膨大な費用を要した。二〇〇一年当時の最新の解析装置で、約一〇〇億円の実験費用が必要との見積もりがある。このような費用がかかってしまっては、個々人のゲノム（パーソナルゲノム）を調べることは、不可能な話であった。

パーソナルゲノムの扉を開けたのは、二〇〇七年頃から実用化されてきた次世代シークエンサーと呼ばれるDNA配列を読み取る解析装置の発展である。企業は競って次世代シークエンサーの開発を行い、ゲノム解析の費用はムーアの法則を超える速さで下がり続けている。二〇一四年、ついに一〇〇〇ドルゲノム（ヒトひとり分の全DNA配列を読み取るための実験費用が一〇〇〇ドル）が達成された。パーソナルゲノム時代の到来である。

本書で語られるニック・ヴォルカー君の原因不明の病気と家族・医師・研究者との闘いは、主に二〇〇九年から一一年にかけてのことである。その頃のゲノム研究をふたつ紹介しよう。二〇〇八年に国際がんゲノムコンソーシアムが五〇種類のがんを対象に、がん細胞で起こっているゲノム変異のカタログの作成を開始した。日本は肝臓がん等のゲノム解析を行っており、現在も継続中である。また、二〇一〇年、英国・米国・中国の三か国を中心とし、日本も貢献した国際連携プロジェクト〝一〇〇〇人ゲノム〟は、人類のゲノム地図を作成するため一〇〇〇人分の全ゲノム解析の結果を公表した。特定の病気や集団におけるゲノムの特徴を解析することに多くの研究者が努力していた時代である。パーソナルゲノムを解析し、その結果を個人の治療に活用することは、まだ先のことのように思われていた。

ニック君の病気について医師や研究者は、ありとあらゆる可能性を検討し、治療を行った。しかしながら、それらはことごとく病気を根治させることはできなかった。最後に残った手段が「ニック・ヴォルカー君のゲノムを調べる」ことであったのだ。実は、特定の病気について遺伝子を調べることは決して珍しいことではない。例えば、ある遺伝子の異常が原因の病気については、診断を確定するためにその特定の遺伝子領域に限定して配列を調べる。また、ある遺伝子を調べることで特定の病気になるリスクが分かることもある。二〇一三年のアンジェリーナ・ジョリーさんの発表については記憶に新しいところであろう（BRCA1の遺伝子に変異が見つかったため乳がんの発症を予防すべく乳房切除と再建手術を受けたと告白、二〇一五年には卵巣がん予防のため卵巣・卵管を切除した）。

しかしながら、原因不明の病気に対しては、調べるべき遺伝子も分からない。解析手法、費用面を考えた現実的妥協案として、数十から一〇〇程度の遺伝子を選び、そのDNA配列を調べる〝パネルシークエンス〟と呼ばれるゲノム解析の方法がある。例えばがんだと、がんの原因となる変異が知られている遺伝子を一〇〇個程度選ぶことが多い。この方法も不十分であることは明らかであろう。たまたま可能性がある遺伝子変異が見つかっても、原因となった遺伝子の変異は別にあるかも知れない。原因不明の病気に対して、確信をもってその結果を医療に使えるであろうか？

ジェイコブ教授は、ヒトの約二万一〇〇〇の遺伝子領域すべてを解析することを選択した。今では合理的な判断と認められるであろうが、当時、この選択を決断したジェイコブ教授の判断力と勇気、実行力と情熱には感服するよりほかはない。その先には、前人未踏の作業が待っているからだ。全遺伝子を解析することで、膨大な数の遺伝子変異が見つかる。そこから病気の原因となった可能性のある遺伝子変異を絞り込む。ワージー博士が格闘したこの絞り込みは、今なおゲノム医療における最大の障壁だ。現在では、二〇〇〇万報を超える学術論文や、ゲノム情報をまとめたさまざまなデータベースを学習した人工知能を用いる研究も進んでいる。例えばがんの研究では年間数十万報を超える論文が発表されている。人が読み、理解できる限界を超えた情報だ。人知・人力を越えた能力が必要である。ワージー博士が開発したプログラムは、まさにこのための一歩であった。

全遺伝子領域のＤＮＡ配列を決定することは、〝全エクソームシークエンス〟と呼ばれる。全遺伝子領域は、全ゲノムのおおよそ二％。わずかな領域であるがタンパク質合成の設計図である。重要なことは間違いない。しかし近年の研究の進展に伴い、残りの九八％にも重要な機能をもつ領域があることが分かってきている。最先端の研究では、すべてのゲノム領域を調べる〝全ゲノムシークエンス〟が標準的なゲノム解析手法として用いられるようになってきた。

二〇一八年、日本においても厚生労働省の指定する一一の中核拠点病院でがんを対象にゲノム情報を活用した医療が始まった。がん細胞で起こっている遺伝子の異常を調べ、患者ひとりひとりに向けた、より効果的な治療が期待される。まずはパネルシークエンスを用いたものではあるが、ゲノム医療のスタートボタンは押された。大きな一歩だ。二〇一五年からはニック君のような診断名のつかない患者のためのプログラムも始動している。今後、ゲノム医療の更なる高精度化を目指し、全エクソームシークエンスから全ゲノムシークエンスへと向かっていくであろう。

二〇一七年三月に東京大学医科学研究所において開催された研究集会で講演するためワージー博士は来日し、今後のゲノム医療について語った。講演のタイトルは、〝Transformation of Big Data into Clinically Actionable Knowledge: Driving the Genomic Medicine Revolution（ビッグデータを利用可能な臨床的知識へ——進化するゲノム医療革命）〟。ビッグデータをもとにしたゲノム医療に向かうという方向性が明確に表れている。

かくしてニック君の謎に満ちた病気の原因と思われる遺伝子異常は突きとめられる。治療も有効であった。ハッピーエンドを期待したい。しかし、ゲノム情報はさまざまな難題を家族に投げかける。ゲノム情報は、血縁者間で共有されるからである。ニック君の場合、病気の原因と思われる遺伝子異常は、母親から受け継いだものであった。

是非この機会に遺伝とは何か、ゲノムを調べることの利益と不利益、健康や家族、未来の医療について、自分自身にも起こりうることとして考えて頂きたい。本書から、そのために必要な情報が得られるであろう。

井元清哉（東京大学医科学研究所ヘルスインテリジェンスセンター教授）

21　クリームドコーンの匂い―― 二〇一〇年六月

1　「午後二時一七分」以降：ヴォルカー家から提供を受けた移植時の動画.
2　「移植後の経過には」以降：デヴィッド・ディモック, およびアラン・メイヤーへのインタビュー.
3　「移植の八日後」以降：デヴィッド・マーゴリスへのインタビュー.
4　「医療チームは新たな合併症が」以降：マーゴリスへのインタビュー.
5　「九九日目の」以降：著者らが執筆した『ミルウォーキー・ジャーナル・センティネル』紙の記事.

22　遺伝子に刻まれていたもの―― 二〇一〇～一四年

1　「ニックの体内にはふたり分の」以降：デヴィッド・マーゴリスへのインタビュー.
2　「母がニックに渡した遺伝子を」以降：デヴィッド・ディモックへのインタビュー.

23　さあ, ついてこい―― 二〇一〇～一五年

1　「今回についても」以降：Murim Choi et al., "Genetic Diagnosis by Whole Exome Capture and Massively Parallel DNA Sequencing," *Proceedings of the National Academy of Sciences* 106(2009): 19096-19101, ならびにトマス・アルバートへのインタビュー.
2　「ジェイコブのチームで」以降：E. A. Worthey, et al., "Making a Definitive Diagnosis: Successful Clinical Application of Whole Exome Sequencing in a Child with Intractable Inflammatory Bowel Disease," *Genetics in Medicine* 13 (2011): 255-262.
3　「エッセイのなかで」以降：Francis Collins, "Faces in the Genome," *Science* 331 (2011): 546.
4　「一家の双子の」以降：レッタ・ビーリー, およびジェームズ・ラプスキーへのインタビュー.
5　「ジェイコブのチームは」以降：ハワード・ジェイコブ, およびデヴィッド・ディモックへのインタビュー, ならびに2010年10月5日の第23回「遺伝学・保健・社会に関する保健福祉長官諮問委員会」におけるディモックの発言.
6　「一年後の報告によれば」以降：リチャード・ギブズへのインタビュー.
7　「ニックの遺伝子を調べてから」以降：ウィリアム・ガールへのインタビュー.
8　「二〇一四年春の時点で」以降：ジェイコブ, およびデヴィッド・ビックへのインタビュー.

18　数千の容疑者——二〇〇九年秋

1　「シクロホスファミドという」以降：デヴィッド・マーゴリス，およびアラン・メイヤーへのインタビュー．
2　「処置を開始するとニックの体温は」以降：アミリン・サンティアゴ・ヴォルカーのケアリング・ブリッジでの日記．
3　「ひとつは，遺伝子の文字が間違っていても」以降：デヴィッド・ディモックへのインタビュー．
4　「『dbSNP（一塩基多型データベース）』と呼ばれる」以降：ディモック，およびエリザベス・ワージーへのインタビュー．
5　「ロシュ社の解析から」以降：ディモック，およびワージーへのインタビュー．
6　「二〇〇九年一一月一六日」以降：ワージーから提供された電子メール．
7　「だがその後，新しい論文が」以降：ジェームズ・ヴァーブスキー，メイヤー，およびワージーへのインタビュー，ならびにAndreas Krieg et al., "XIAP Mediates NOD Signaling via Interaction with RIP2," *Proceedings of the National Academy of Sciences* 106(2009): 14524-14529.

19　犯人——二〇〇九年一一～一二月

1　「XIAP遺伝子上の」以降：デヴィッド・ディモック，アラン・メイヤー，およびエリザベス・ワージーへのインタビュー．
2　「二〇三番目のアミノ酸が」以降：ジェームズ・ヴァーブスキーへのインタビュー．
3　「そこでワージーは」以降：ハワード・ジェイコブ，ディモック，およびワージーへのインタビュー．
4　「すでに世界中で様々な生物の」以降：国立ヒトゲノム研究所
5　「ところが驚いたことに」以降：ディモック，およびメイヤーへのインタビュー．
6　「DNA鑑定全体の」以降：ミネソタ大学生物科学教授マーリーン・ズックへのインタビュー．
7　「だが，一度の試験には二～三か月を」以降：ヴァーブスキー，およびウィリアム・グロスマンへのインタビュー．

20　確信と疑念——二〇一〇年一月

1　「骨髄移植はほぼ日常的な」以降：デヴィッド・マーゴリスへのインタビュー．
2　「内視鏡検査の結果」以降：アラン・メイヤーへのインタビュー．

14　自分たちがここにいる理由――　二〇〇九年七～八月

1　「ジェイコブは自分の両親と」以降：ディック＆ジャネット・ジェイコブ，およびハワード・ジェイコブへのインタビュー．

2　「装置からニックのDNA配列が」以降：ジェームズ・ヴァーブスキー，ハワード・ジェイコブ，およびデヴィッド・ディモックへのインタビュー．

3　「ヒトだけのプロジェクトに」以降：エリック・グリーンへのインタビュー．

4　「最初に公表されたヒトゲノムが」以降：リサ・ブルックスへのインタビュー．

5　「ヴェンターとセレラ社による」以降：Venter, *A Life Decoded*, 286.

6　「会議室では，何人かから」以降：ジェイコブ，ディモック，アラン・メイヤー，およびエリザベス・ワージーへのインタビュー．

15　未知の領域――　二〇〇九年七月

1　「こうした広範なアプローチの」以降：ハワード・ジェイコブ，およびデヴィッド・ディモックへのインタビュー．

2　「その頃，骨髄移植の専門家である」以降：デヴィッド・マーゴリスへのインタビュー．

16　聞いてもらいたいことがある――　二〇〇九年八月

1　「しかし，全体でとらえれば」以降：国立衛生研究所希少疾患研究対策室

2　「ロシュ社は，454ライフサイエンシズ社や」以降：ロシュ社は2007年3月に454ライフサイエンシズ社を買収すると発表し，2007年6月にはニンブルジェン・システムズ社を買収すると発表した．

3　「ところがこの年の七月」以降：食品医薬品局から23アンドミー社に宛てた2010年6月10日付，ならびに2013年11月22日付の手紙（www.fda.gov/downloads/MedicalDevices/ResourcesforYou/Industry/UCM215240.pdf and www.fda.gov/ICECI/EnforcementActions/WarningLetters/2013/ucm376296.htm）．

17　細く白い糸――　二〇〇九年八～九月

1　「まず複数の長いDNA鎖を」以降：マイケル・チャネンへのインタビュー．

2　「このエクソンの入った溶液に」以降：トマス・アルバート，およびチャネンへのインタビュー．

3　「遺伝子を容疑者リストに」以降：ハワード・ジェイコブ，デヴィッド・ディモック，およびエリザベス・ワージーへのインタビュー．

10　隠し事はもうおしまい―― 二〇〇八年

1　「この病院は年間何万人もの」以降：ウィスコンシン小児病院の2014年のファクトシート（www.chw.org/~/media/Files/About/CHW_Facts_0414.pdf）.

2　「母は別の場所で」以降：アミリン・サンティアゴ・ヴォルカーへのインタビュー，ならびに同氏が案内してくれたモンローの町の見学ツアー.

3　「二〇〇八年だけですでに二八回手術室に」以降：マージョリー・アルカへのインタビュー.

11　生きのこり―― 二〇〇九年二～三月

1　「父親はウクライナの」以降：アラン・メイヤーへのインタビュー，ならびにMayer, *Entombed*, 1-206.

2　「助成金獲得率も」以降：メイヤーへのインタビュー，ならびに国立衛生研究所からの情報.

12　ドラゴン―― 二〇〇九年二～六月

1　「だがニックの場合」以降：マージョリー・アルカへのインタビュー.

2　「ニックとアミリンの手術室行きは」以降：アミリン・サンティアゴ・ヴォルカーへのインタビュー，ならびに同氏のケアリング・ブリッジでの日記.

3　「六年前に二万ドルあまりで」以降：アミリンへのインタビュー.

4　「ある晩，家に帰ってきたとき」以降：レイラニ・ヴァレーズ・ヴォルカーへのインタビュー.

5　「ニックは再び腹部の」以降：アラン・メイヤーへのインタビュー.

13　ゲノムのジョーク―― 二〇〇九年六月

1　「ニックの状態を安定させるため」以降：アラン・メイヤーへのインタビュー.

2　「確固たる診断なしに」以降：メイヤーへのインタビュー.

3　「二〇〇九年六月下旬の」以降：エリック・グリーンへのインタビュー，ならびにPubMed検索.

4　「親愛なるハワード」以降：メイヤーからハワード・ジェイコブに宛てた電子メール（メイヤーから提供を受けたもの）.

2 「ジェイコブがミルウォーキー周辺で」以降:ハワード・ジェイコブの履歴書.

3 「この実験をベースにした」以降:Aron M. Geurts et al., "Knockout Rats via Embryo Microinjection of Zinc-finger Nucleases," *Science* 325 (2009): 433.

4 「たとえば二〇〇二年に」以降:国立ヒトゲノム研究所

5 「GWASとして初めて」以降:P. R. Burton et al., "Genome-wide Association Study of 14,000 Cases of Seven Common Diseases and 3,000 Shared Controls," *Nature* 447 (2007): 667-668.

6 「しかし, 相当なコストを」以降:『ニューヨークタイムズ』紙のニコラス・ウェイドが「国際HapMap計画」と「ゲノムワイド関連解析」をめぐる諸問題を2010年6月12日付の記事にまとめている("A Decade Later, Genetic Map Yields Few New Cures," www.nytimes.com/2010/06/13/health/research/13genome.html?pagewanted=all&_r=0).

7 「そのひとつとして, ジェイコブの」以降:ロバート・クリーグマン, およびジェイコブへのインタビュー.

8 「さらには一億四〇〇〇万ドルを」以降:ウィスコンシン小児病院研究者向け資料(www.chw.org/medical-professionals/research/researcher-resources/), ならびにヨセフ・ラザルへのインタビュー.

9 「NIHの研究助成金ランキングを」以降:クリーグマンへのインタビュー.

10 「二〇〇七年五月」以降:Davies, *The $1,000 Genome*, 16.

11 「講演のなかでヴェンターは」以降:Craig Venter, "The Richard Dimbleby Lecture 2007: Dr. J. Craig Venter-A DNA-driven World," May 12, 2007, www.bbc.co.uk/pressoffice/pressreleases/stories/2007/12_december/05/dimbleby.shtml.

12 「式典では, 454ライフサイエンシズ社の」以降:Davies, *The $1,000 Genome*, 16.

13 「次世代型の解析装置を」以降:ジェイミー・ウェント・アンドレアへのインタビュー.

9 患者X—— 二〇〇八年二~八月

1 「仕事を終えるとそれぞれが」以降:ジェームズ・ヴァーブスキー, ウィリアム・グロスマン, およびマイケル・スティーヴンズへのインタビュー.

2 「具体的な病名は」以降:ヴァーブスキー, およびグロスマンへのインタビュー.

3 「その場合, まず抗がん剤に」以降:デヴィッド・マーゴリスへのインタビュー.

4 「実際, ニックの大腸や」以降:アラン・メイヤーへのインタビュー.

6 「二〇〇〇年, ジェイコブと」以降:ピーター・トネラートへのインタビュー, ならびに同氏履歴書.

7 「二〇〇一年の時点で」以降:ウィスコンシン医科大学生体医学資源センターの見学, ならびにジョゼフ・チューリン, およびラザルへのインタビュー.

8 「確かに二〇〇一年には」以降:Davies, *The $1,000 Genome*, 9.

9 「二〇〇四年, ジェイコブは」以降:ジェイコブへのインタビュー, ならびにジェイコブの草稿 "Institute for Personalized Medicine," July 10, 2003.

5 尋常ならざる患者—— 二〇〇四年秋~〇七年初頭

1 「ひとつは, クローン病が」以降:ジェームズ・ヴァーブスキー, ウィリアム・グロスマン, およびアラン・メイヤーへのインタビュー.

2 「そこは小児病院の」以降:ウィスコンシン小児病院

6 診断を求める終わりなき旅—— 二〇〇七年五~九月

1 「診断が確定するまでに」以降:国立衛生研究所希少疾患研究対策室のウィリアム・ガールへのインタビュー.

2 「ニックの場合, このNK細胞の働きが」以降:ジェームズ・ヴァーブスキーへのインタビュー.

3 「炎症性腸疾患を専門にする」以降:スブラ・クガササン, およびアラン・メイヤーへのインタビュー.

4 「その金額は」以降:アミリン・サンティアゴ&ショーン・ヴォルカーへのインタビュー.

7 天井のクモ—— 二〇〇七年九~一〇月

1 「四二度を超えれば」以降:ジョージ・ホフマンへのインタビュー.

2 「一般に, 敗血症性ショックの患者は」以降:ホフマンへのインタビュー.

3 「また, 全血輸血や血漿輸血」以降:ホフマンへのインタビュー.

8 一歩を踏みだすなら大きく速く—— 二〇〇七年一一月~〇八年一月

1 「そのいい例が, 二〇〇四年に」以降:Mark Johnson and Kawanza Newson, "Sole Survivor: A Journey of Faith and Medicine," *Milwaukee Journal Sentinel*, June 18, 2005, www.jsonline.com/news/health/47465427.html.

3 大きな決断—— 一九九三～九六年

1 「ジェイコブが科学に関心を抱いたのは」以降：ディック＆ジャネット・ジェイコブ，およびハワード＆リサ・ジェイコブへのインタビュー．

2 「DNAに綴られた長い文字列の意味を」以降：Mesirov, *Very Large Scale Computation in the 21st Century*, 138.

3 「ランダーは一九八〇年代」以降：Eric S. Lander and David Botstein, "Mapping Mendelian Factors Underlying Quantitative Traits Using RFLP Linkage Maps," *Genetics* 121 (1988): 185-199.

4 「一九世紀半ば，メンデルは」以降：Gregor Mendel, "Experiments in Plant Hybridization," *MendelWeb*, February 8 and March 8, 1865, www.mendelweb.org/Mendel.html.

5 「一三日後，この一流誌は」以降：Haward J. Jacob et al., "Genetic Mapping of a Gene Causing Hypertension in the Stroke-prone Spontaneously Hypertensive Rat," *Cell* 67 (1991): 213-224.

6 「大学側が了承したのは」以降：アレン・カウリー，およびハワード・ジェイコブへのインタビュー，ならびにCarolyn B. Alfvin, "Golden Lab," *Milwaukee Magazine*, January 1996.

4 ハーメルンの笛吹き—— 一九九六～二〇〇四年

1 「この研究は一本の論文として」以降：Monika Stoll et al., "A Genomic-systems Biology Map for Cardiovascular Function," *Science* 294 (2001): 1723-1726.

2 「ふたりはその一年後にも」以降：Theodore A. Kotchen et al., "Identification of Hypertension-related QTLs in African American Sib Pairs," *Hypertension* 40 (2002): 634-639.

3 「二〇〇五年に」以降：P. Hamet et al., "Quantitative Founder-effect Analysis of French Canadian Families Identifies Specific Loci Contributing to Metabolic Phenotypes of Hypertension," *American Journal of Human Genetics* 76 (2005): 815-832.

4 「集まったのは」以降：Allen W. Cowley Jr., "Genomics to Physiology and Beyond: How Do We Get There?," *The Physiologist* 40 (1997): 205.

5 「一見すると」以降：ハワード・ジェイコブ，およびヨセフ・ラザルへのインタビュー，ならびにPeter Tonellato, "Report of the Genetics Initiative Committee," September 28, 1998（ジェイコブはこの Committee の委員長を務めていた）．

ク，アラン・メイヤー，およびアミリン・サンティアゴ＆ショーン・ヴォルカーへのインタビュー，ならびにアミリンが記したケアリング・ブリッジの日記．

4　「希少疾患（そのほとんどが遺伝子変異に起因）を」以降：国立衛生研究所希少疾患研究対策室．

2　四文字の向こうにあるもの—— 一九九三年四月

1　「遺伝子の文字が解読できるようになるまでには」以降：James Watson and Francis Crick, "Molecular Structure of Nucleic Acids," *Nature* 171 (1953): 737-738; Allan Maxam and Walter Gilbert, "A New Method for Sequencing DNA," *Proceedings of the National Academy of Sciences* 74 (1977): 560-564; F. Sanger et al., "DNA Sequencing with Chain-terminating Inhibitors," *Proceedings of the National Academy of Sciences* 74 (1977): 5463-5467.

2　「一九九〇年に」以降：国立衛生研究所国立ヒトゲノム研究所, "The Human Genome Project Completion: Frequently Asked Questions," www.genome.gov/11006943.

3　「二〇〇一年の『ネイチャー』誌に」以降：Eric S. Lander, et al., "Initial Sequencing and Analysis of the Human Genome," *Nature* 409 (2001): 860-921.

4　「とはいえ，生理学をはじめとする」以降：アレン・カウリーへのインタビュー，ならびにShirley M. Tilghman, "Lessons Learned, Promises Kept: A Biologist's Eye View of the Genome Project," *Genome Research* 6 (1996): 773.

5　「二重らせん上の」以降：国立ヒトゲノム研究所

6　「父親は著名な心臓専門医で」以降：カウリーへのインタビュー，ならびに "Obituary: Allen Wilson Cowley, M.D.," *Deseret News*, October 22, 2007.

7　「それでもガイトンの研究室は」以降：カウリーへのインタビュー，ならびにJohn E. Hall et al., "Arthur C. Guyton Obituary," *The Physiologist* 46 (3): 122-124, 2003.

8　「その大学が長年の財政難により」以降：ウィスコンシン医科大学沿革（www.mcw.edu/aboutMCW/HistoryofMCW.htm）．

9　「ほかの大学の生理学部が」以降：カウリー，およびウィスコンシン医科大学広報担当学長補佐リチャード・カチュケへのインタビュー．

原注

本書を執筆するための情報の多くは，伝統的な情報源から得たものである．私たちはヴォルカー家のメンバーと，ニックを担当した医師のほぼ全員にインタビューを行なった．その多くは録音され，それから文字に起こされた．ニックの担当看護師のほか，ウィスコンシン小児病院に見舞いに来た一家の友人や，教会の友人とも話をした．また，数々の発見を通してゲノム医療への礎を築いた重要な研究者たちからも話を聞いている．

本書は，文字で書かれた資料も利用した．たとえば，科学誌に発表された論文のほか，国立衛生研究所や国立ヒトゲノム研究所が発行する報告書などである．個々の科学者に関して，雇用や助成金授与などの年月日を確認する際には，しばしば各人の履歴書を参照した．

ニックの物語のいくつかの側面を報道するうえでは，ソーシャルメディアがきわめて重要な役割を果たした．息子の闘病中，アミリン・サンティアゴ・ヴォルカーはたびたびフェイスブックに文章を投稿していたし，さらに重要なのはケアリング・ブリッジのサイトに開設していたオンライン日記だ．一冊の本になるほどの長さがあり，ニックの治療，投薬，手術室行きの回数，入院日数などの詳細情報が含まれているケースも多かった．この日記は，ニックの闘病に関する完全で直接的な記録であり，日にちや細部に関しては関係者の記憶よりもこちらのほうが正確な場合が少なくなかった．

幸いにも，私たちにとってウィスコンシン医科大学とウィスコンシン小児病院はなじみ深い場所だった．『ミルウォーキー・ジャーナル・センティネル』紙の記者として，両機関を37年間も報道してきた経験があったからだ．

1 越えられない一線—— 二〇〇九年六月

1　「病気の息子を助けようと」以降：Watson and Berry, *DNA: The Secret of Life*, 404-405.

2　「人類は自分たちのゲノムが」以降：リチャード・ギブズ，フランシス・コリンズ，ハワード・ジェイコブ，ジョージ・チャーチ，デヴィッド・ディモック，およびマーガレット・ハンバーグへのインタビュー，ならびにMargaret Hamburg and Francis Collins, “The Path to Personalized Medicine,” *New England Journal of Medicine* 363 (2010): 301-304.

3　「今クローズアップした一文字を抱えもっているのは」以降：マージョリー・アルカ，ジェームズ・ヴァーブスキー，スブラ・クガササン，ウィリアム・グロスマン，ディモッ

Patterson, Andrew H., et al. "Resolution of Quantitative Traits into Mendelian Factors by Using a Complete Linkage Map of Restriction Fragment Length Polymorphisms." *Nature* 335: 721-726.

1977年

Maxam, Allan, and Walter Gilbert. "A New Method for Sequencing DNA." *Proceedings of the National Academy of Sciences* 74: 560-564.

Sanger, F., et al. "DNA Sequencing with Chain-terminating Inhibitors." *Proceedings of the National Academy of Sciences* 74: 5463-5467.

1953年

Watson, James, and Francis Crick. "Molecular Structure of Nucleic Acids." *Nature* 171: 737-738.

1865年

Mendel, Gregor. "Experiments in Plant Hybridization." *Mendel-Web*, February 8 and March 8, 1865, www.mendelweb.org/Mendel.html.

1998年

Knapik, Ela W., et al. "A Microsatellite Genetic Linkage Map for Zebrafish (Danio Rerio)." *Nature Genetics* 18: 338-343.

1997年

Cowley, Allen W., Jr. "Genomics to Physiology and Beyond: How Do We Get There?" *The Physiologist* 40: 205-211.

1996年

Brown, Donna M., et al. "Renal Disease Susceptibility and Hypertension are Under Independent Genetic Control in the Fawnhooded Rat." *Nature Genetics* 12: 44-51.

Tilghman, Shirley M. "Lessons Learned, Promises Kept: A Biologist's Eye View of the Genome Project." *Genome Research* 6: 773-780.

1995年

Jacob, Howard J., et al. "A Genetic Linkage Map of the Laboratory Rat, Rattus Norvegicus." *Nature Genetics* 9: 63-69.

1994年

Lander, Eric S., and Nicholas J. Schork. "Genetic Dissection of Complex Traits." *Science* 265: 2037-2047.

1991年

Jacob, Howard J., et al. "Genetic Mapping of a Gene Causing Hypertension in the Stroke-prone Spontaneously Hypertensive Rat." *Cell* 67: 213-224.

1989年

Rapp, John P., et al. "A Genetic Polymorphism in the Renin Gene of Dahl Rats Cosegregates with Blood Pressure." *Science* 243: 542-544.

1988年

Lander, Eric S., and David Botstein. "Mapping Mendelian Factors Underlying Quantitative Traits Using RFLP Linkage Maps." *Genetics* 121: 185-199.

Nature 422: 835-847.
Moreno, Carol, et al. "Genomic Map of Cardiovascular Phenotypes of Hypertension in Female Dahl S Rats." *Physiological Genomics* 15: 243-257.

2002年
Broeckel, Ulrich, et al. "A Comprehensive Linkage Analysis for Myocardial Infarction and its Related Risk Factors." *Nature Genetics* 30: 210-214.
Freedman, Barry I., et al. "Linkage Heterogeneity of End-stage Renal Disease on Human Chromosome 10." *Kidney International* 62: 770-774.
Guttmacher, Alan, and Francis Collins. "Genomic Medicine: a Primer." *New England Journal of Medicine* 347: 1512-1520.
Hunt, Steven C., et al. "Linkage of Creatinine Clearance to Chromosome 10 in Utah Pedigrees Replicates a Locus for End-stage Renal Disease in Humans and Renal Failure in the Fawn-hooded Rat." *Kidney International* 62: 1143-1148.
Kotchen, Theodore A., et al. "Identification of Hypertension-related QTLs in African American Sib Pairs." *Hypertension* 40: 634-639.
Suzuki, Miwako, et al. "Genetic Modifier Loci Affecting Survival and Cardiac Function in Murine Dilated Cardiomyopathy." *Circulation* 105: 1824-1829.

2001年
Lander, Eric S., et al. "Initial Sequencing and Analysis of the Human Genome." *Nature* 409: 860-921.
Stoll, Monika, et al. "A Genomic-systems Biology Map for Cardiovascular Function." *Science* 294: 1723-1726.

2000年
Kissebah, Ahmed H., et al. "Quantitative Trait Loci on Chromosomes 3 and 17 Influence Phenotypes of the Metabolic Syndrome." *Proceedings of the National Academy of Sciences* 97: 14476-14483.
Shiozawa, Masahide, et al. "Evidence of Gene-gene Interactions in the Genetic Susceptibility to Renal Impairment After Unilateral Nephrectomy." *Journal of the American Society of Nephrology* 11: 2068-2078.

Burton, P. R., et al. "Genome-wide Association Study of 14,000 Cases of Seven Common Diseases and 3,000 Shared Controls." *Nature* 447: 667-678.
Hodges, Emily, et al. "Genome-wide in Situ Exon Capture for Selective Resequencing." *Nature Genetics* 39: 1522-1527.
Lucast, Erica. "Informed Consent and the Misattributed Paternity Problem in Genetic Counseling." *Bioethics* 21: 41-50.
Mischler, Matthew, et al. "Epstein-barr Virus-induced Hemophagocytic Lymphohistiocytosis and X-linked Lymphoproliferative Disease: A Mimicker of Sepsis in the Pediatric Intensive Care Unit." *Pediatrics* 119: 1212-1218.
Okou, David, et al. "Microarray-based Genomic Selection for High-throughput Resequencing." *Nature Methods* 4: 907-909.

2006年
Mischler, Matthew, et al. "Epstein-barr Virus-induced Hemophagocytic Lymphoproliferative and X-linked Lymphoproliferative Disease: A Mimicker of Sepsis in the Pediatric Intensive Care Unit." *Pediatrics* 119: 1212-1218.
Sjöblom, Tobias, et al. "The Consensus Coding Sequences of Human Breast and Colorectal Cancers." *Science* 314: 268-274.

2005年
Bonham, V. L., et al. "Race and Ethnicity in the Genome Era." *American Psychologist* 60: 9-15.
Check, Erika. "Patchwork People." *Nature* 437: 1084-1086.
Hamet, P., et al. "Quantitative Founder-effect Analysis of French Canadian Families Identifies Specific Loci Contributing to Metabolic Phenotypes of Hypertension." *American Journal of Human Genetics* 76: 815-832.
Lazar, Jozef, et al. "Impact of Genomics on Research in the Rat." *Genome Research* 15: 1717-1728.

2004年
Gibbs, Richard A., et al. "Genome Sequence of the Brown Norway Rat Yields Insights into Mammalian Evolution." *Nature* 428: 493-521.

2003年
Collins, Francis, et al. "A Vision for the Future of Genomic Research."

Bardet-biedl Syndrome." *Proceedings of the National Academy of Sciences* 107: 10602-10607.

2009年

Choi, Murim, et al. "Genetic Diagnosis by Whole Exome Capture and Massively Parallel DNA Sequencing." *Proceedings of the National Academy of Sciences* 106: 19096-19101.

Geurts, Aron M., et al. "Knockout Rats via Embryo Microinjection of Zinc-Finger Nucleases." *Science* 325: 433.

Glocker, Erik-Oliver, et al. "Inflammatory Bowel Disease and Mutations Affecting the Interleukin-10 Receptor." *New England Journal of Medicine* 361: 2033-2045.

Krieg, Andreas, et al. "XIAP Mediates NOD Signaling via Interaction with RIP2." *Proceedings of the National Academy of Sciences* 106: 14524-145249.

Manolio, Teri. "Finding the Missing Heritability of Complex Diseases." *Nature* 461: 747-753.

Nagy, Noemi, et al. "The Proapoptotic Function of SAP Provides a Clue to the Clinical Picture of X-linked Lymphoproliferative Disease." *Proceedings of the National Academy of Sciences* 106: 11966-11971.

Ng, Sara, et al. "Targeted Capture and Massively Parallel Sequencing of 12 Human Genomes." *Nature* 461: 272-276.

Watson, James. "Living with My Personal Genome." *Personalized Medicine* 6: 607.

2008年

Lee, Charles, and Cynthia Morton. "Structural Genomic Variation and Personalized Medicine." *New England Journal of Medicine* 358: 740-741.

Schloss, Jeffery. "How to Get Genomes at One Ten-thousandth the Cost." *Nature Biotechnology* 26: 1113-1115.

Shendure, Jay, and Hanlee Ji. "Next-generation DNA Sequencing." *Nature Biotechnology* 26: 1135-1145.

2007年

Albert, Thomas, et al. "Direct Selection of Human Genomic Lociby Microarray Hybridization." *Nature Methods* 4: 903-905.

Kumar, Rajesh, et al. "Genetic Ancestry in Lung-function Predictions." *New England Journal of Medicine* 363: 321-330.
Lo, Y. M. Dennis, et al. "Maternal Plasma DNA Sequencing Reveals the Genome-wide Genetic and Mutational Profile of the Fetus." *Science Translational Medicine* 2: 61.
Lupski, James, et al. "Whole-genome Sequencing in a Patient with Charcot-Marie-tooth Neuropathy." *New England Journal of Medicine* (2010): 1181-1191.
McClellan, Jon, and Mary-Claire King. "Genetic Heterogeneity in Human Disease." *Cell* 141: 210-217.
Ng, Sara, et al. "Exome Sequencing Identifies MLL2 Mutations as a Cause of Kabuki Syndrome." *Nature Genetics* 42: 790-793.
Ng, Sarah B., et al. "Exome Sequencing Identifies the Cause of a Mendelian Disorder." *Nature Genetics* 42: 30-35.
Ormond, Kelly, et al. "Challenges in the Clinical Application of Whole-Genome Sequencing." *The Lancet* 375: 1525-1535.
Roach, Jared, et al. "Analysis of Genetic Inheritance in a Family Quartet by Whole-genome Sequencing." *Science* 328: 636-639.
Rotini, Charles, and Lynn Jorde. "Ancestry in the Age of Genomic Medicine." *New England Journal of Medicine* 363 (2010): 1551-1558.
Samani, Nilesh. "The Personal Genome: The Future of Personalized Medicine?" *The Lancet* 375: 1497-1498.
Scherer, Stephen, and Autism Genome Project Consortium. "Functional Impact of Global Rare Copy Number Variation in Autism Spectrum Disorders." *Nature* 466: 368-372.
Sobreira, Nara, et al. "Whole-genome Sequencing of a Single Proband Together with Linkage Analysis Identifies a Mendelian Disease Gene." *PLoS Genetics*. DOI: 10.1371/journal.pgen.1000991.
Sudmant, Peter, et al. "Diversity of Human Copy Number Variation and Multicopy Genes." *Science* 330: 641-646.
Wang, K., et al. "Interpretation of Association Signals and Identification of Causal Variants from Genome-wide Association Studies." *American Journal of Human Genetics* 86: 1-13.
Zaghloul, Norann, et al. "Functional Analyses of Variants Reveal a Significant Role for Dominant Negative and Common Alleles in Oligogenic

Evans, James, et al. "Deflating the Genomic Bubble." *Science* 331: 861-862.
Feero, W. Gregory, et al. "Genomics and the Eye." *New England Journal of Medicine* 364: 1932-1942.
Green, Eric, and Mark Guyer. "Charting a Course for Genomic Medicine from Base Pairs to Bedside." *Nature* 470: 204-213.
Tonellato, Peter, et al. "A National Agenda for the Future of Pathology in Personalized Medicine: Report of the Proceedings of a Meeting at the Banbury Conference Center on Genome-era Pathology, Precision Diagnostics, and Preemptive Care: A Stakeholder Summit." *American Journal of Clinical Pathology* 135: 663-665.
Worthey, E. A., et al. "Making a Definitive Diagnosis: Successful Clinical Application of Whole Exome Sequencing in a Child with Intractable Inflammatory Bowel Disease." *Genetics in Medicine* 13: 255-262.
Zierhut, Heather. "How Inclusion of Genetic Counselors on the Research Team Can Benefit Translational Science." *Science Translational Medicine* 3 (74), 74cm7.

2010年
Annes, Justin, et al. "Risks of Presymptomatic Direct-to-Consumer Genetic Testing." *New England Journal of Medicine* 363: 1100-1001.
Arensburger, Peter, et al. "Sequencing of Culex Quinquefasciatus Establishes a Platform for Mosquito Comparative Genomics." *Science* 330: 86-88.
Ashley, Euan, et al. "Clinical Assessment Incorporating a Personal Genome." *The Lancet* 375: 1525-1535.
Cho, Mildred, and David Relman. "Synthetic 'Life,' Ethics, National Security, and Public Discourse." *Science* 329: 38-39.
Dietz, Harry. "New Therapeutic Approaches to Mendelian Disorders." *New England Journal of Medicine* 363: 852-863.
Dowell, Robin, et al. "Genotype to Phenotype: A Complex Problem." *Science* 328: 469.
Feero, W. Gregory. "Genomic Medicine: A Updated Primer." *New England Journal of Medicine* 362: 2001-2011.
Hamburg, Margaret, and Francis Collins. "The Path to Personalized Medicine." *New England Journal of Medicine* 363: 301-304.

Venter, J. Craig. *A Life Decoded. My Genome: My Life*. New York: Penguin Group, 2007〔『ヒトゲノムを解読した男――クレイグ・ベンター自伝』野中香方子訳, 化学同人〕.
Watson, James. *The Double Helix: A Personal Account of the Discovery of the Structure of DNA*. New York: Atheneum, 1968〔『二重らせん――DNAの構造を発見した科学者の記録』江上不二夫&中村桂子訳, 講談社ブルーバックスほか〕.
Watson, James, and A. Berry. *DNA: The Secret of Life*. New York: Random House, 2003〔『DNA――すべてはここから始まった』青木薫訳, 講談社〕.

論文

2013年

Lazar, Jozef, et al. "SORCSI Contributes to the Development of Renal Disease in Rats and Humans." *Physiological Genomics* 45: 720-728.
Rangel-Filho, Artur, et al. "Rab38 Modulates Proteinuria in Model of Hypertension-associated Renal Disease." *Journal of the American Society of Nephrology* 24: 283-292.

2012年

Hedge, Madhuri R. "Marching Towards Personalized Genomic Medicine." *The Journal of Pediatrics* 162: 10-11.
Need, Anna C., et al. "Clinical Application of Exome Sequencing in Undiagnosed Genetic Conditions." *Journal of Medical Genetics*. DOI:10.1136/jmedgenet-2012-100819.
Phimister, Elizabeth, et al. "Realizing Genomic Medicine." *New England Journal of Medicine* 366: 757-759.
Zerbino, D., et al. "Integrating Genomes." *Science* 336: 179-182.

2011年

Bainbridge, Matthew, et al. "Whole-genome Sequencing for Optimized Patient Management." *Science Translational Medicine* 3, issue 87, 87re3.
Bick, David, and David Dimmock. "Whole Exome and Whole Genome Sequencing." *Current Opinion in Pediatrics* 23: 594-600.
Collins, Francis. "Faces in the Genome." *Science* 331: 546.

出典

インタビュー

2010〜15年にかけてインタビューした方については「索引」中の人名に＊を付した．

加えて以下の方々からも話を聞いた．アラン・アッティー，ジュリー・アプトン，ジェイミー・ウェント・アンドレア，メアリールー・ウィジディクス，エリック・ウィーベン，ケヴィン・ウルマー，フレッド・エマーニ，リチャード・カチュケ，ウィリアム・ガール，アルーパ・ガングリー，ヘザー・カンリフ，デヴィッド・ギフォード，リチャード・ギブズ，ジョリーン・クラーク，ロバート・クラーク，エリック・グリーン，デヴィッド・ゴールドスタイン，マイケル・サスマン，ジェイ・シェンデュア，ジェフリー・シュロス，キース・スチュアート，マーリーン・ズック，マーク・スティーヴンソン，ジャン・スミス，キム・ゼベル，ジョン・セマン，レベッカ・セルツァー，スティーヴ・ターナー，ジョージ・チャーチ，ジョゼフ・チューリン，ブレナン・デッカー，ダイアン・ドンナイ，ヴィノード・ナラヤナン，ジョシュア・ハイマン，ハーコン・ハーコナルソン，ダニエル・バージェス，マイケル・バムシャド，マーガレット・ハンバーグ，ティナ・ハンバック，トマス・ピアソン，リード・ピエリッツ，フランク・ピッツァー，グレッグ・フィーロ，デヴィッド・ブラウ，タラ・ベル，ダニエル・ヘルブリング，マーク・ボーガスキー，ダニエル・フォン・ホーフ，エイミー・マグワイヤー，マイケル・F・マレー，グレゴリー・ライス，ジョナサン・ラヴディン，ジェームズ・ラプスキー，チャールズ・リー，ジャック・ルーツ，シンシア・レイフォード，ジョン・レイモンド，ケヴィン・レグナー，ハイディ・レーム，デニス・ロー，スタン・ローズ，デリック・ロッシ．

書籍

Davies, Kevin. *The $1,000 Genome: The Revolution in DNA Sequencing and the New Era of Personalized Medicine*. New York: Free Press, 2010〔『1000ドルゲノム——10万円でわかる自分の設計図』篠田謙一監修，武井摩利訳，創元社〕.

Mayer, Bernard. *Entombed*. Miami, FL: Aleric Press, 1994.

McElheny, Victor K. *Drawing The Map of Life: Inside the Human Genome Project*, New York: Basic Books, 2010.

Mesirov, Jill P. *Very Large Scale Computation in the 21st Century*. Philadelphia: Society for Industrial and Applied Mathematics, 1991.

Mukherjee, Siddhartha. *The Emperor of All Maladies: A Biography of Cancer*. New York: Simon and Schuster, 2010〔『がん——4000年の歴史』上下巻，田中文訳，ハヤカワ文庫〕.

マ

ラ

タ

ナ

ハ

カ

サ

索引

英数字

ア

著者

マーク・ジョンソン Mark Johnson

アメリカのジャーナリスト。二〇〇〇年から『ミルウォーキー・ジャーナル・センティネル』紙で健康・科学関連の記事を担当。ニック・ヴォルカーに関する一連の記事で、二〇一一年に「ピューリッツァー賞・解説報道部門」を受賞した同紙チーム五人のうちのひとり。過去、同賞最終選考に残ったことが三度あり、ほかにも数々の賞を受賞している。「ブラディ・スタンプス」というパンクバンドのギタリストでもある。

キャスリーン・ギャラガー Kathleen Gallagher

アメリカのジャーナリスト。一九九三年から『ミルウォーキー・ジャーナル・センティネル』紙でビジネス関連の記事を担当。二〇一一年にジョンソンとともにピューリッツァー賞を受賞。また、二〇〇六年にインランド・プレス・アソシエーション賞を受賞したときのチームメンバーでもあり、ほかにも受賞は数多い。現在はミルウォーキー・インスティチュートで事務局長をつとめている。

訳者

梶山あゆみ かじやま・あゆみ

翻訳家。訳書に『アルカイダから古文書を守った図書館員』『原爆を盗め！——史上最も恐ろしい爆弾はこうしてつくられた』『自分の体で実験したい——命がけの科学者列伝』『脳のなかの倫理——脳倫理学序説』『小さな塵の大きな不思議』（以上、紀伊國屋書店）、『生物はなぜ誕生したのか——生命の起源と進化の最新科学』（河出書房新社）、『冥王星を殺したのは私です』（飛鳥新社）など多数。

解説者

井元清哉 いもと・せいや

東京大学医科学研究所ヘルスインテリジェンスセンター教授。九州大学大学院数理学研究科数理学専攻博士課程修了。統計科学、ゲノム情報学、システム生物学を専門として、ゲノムデータに基づく生体内分子ネットワークの統計科学的推測と個別化医療への応用に関する研究を続けている。共著に『統計数理は隠された未来をあらわにする——ベイジアンモデリングによる実世界イノベーション』（東京電機大学出版局）ほかがある。

10億分の1を乗りこえた少年と科学者たち
──世界初のパーソナルゲノム医療はこうして実現した

二〇一八年一一月一五日　第一刷発行

著者　マーク・ジョンソン&キャスリーン・ギャラガー
訳者　梶山あゆみ
解説者　井元清哉
発行所　株式会社　紀伊國屋書店
東京都新宿区新宿三-一七-七
出版部（編集）電話〇三-六九一〇-〇五〇八
ホールセール部（営業）電話〇三-六九一〇-〇五一九
〒一五三-八五〇四　東京都目黒区下目黒三-七-一〇
ブックデザイン　鈴木成一デザイン室
本文組版　明昌堂
印刷・製本　シナノ パブリッシング プレス
ISBN978-4-314-01165-5　C0040 Printed in Japan

定価は外装に表示してあります